내가 바로 홈닥터

강아지편

감수 **나카가와 시로** | 저자 **가와구치 아키코**
공저 **가나이 마사토·리에** | 번역 **박상진, 김은희**

뜰Book

Contents

제2장

Contents

제4장

Contents

강아지 기초 지식

강아지 기초 지식

주인이라는 자각과 책임 의식이 가장 중요해요

사람과 개는 약 만 년 전부터 함께 살며 사람은 지금까지 목적에 맞는 다양한 견종을 만들어 냈습니다. 따라서 강아지를 기를 때에는 먼저 목적을 정하고 그에 맞는 개를 고르는 것이 좋습니다. 유행에 휩쓸려 가벼운 마음으로 강아지를 골라 기르려 했다면 다시 한 번 생각해 보세요. 일단 기르기 시작하면 끝까지 책임을 지는 것이 주인의 의무입니다.

●주인의 책임

강아지가 어릴 때에만 귀여워하다가 컸다고 관심을 끊어서는 안 됩니다. 강아지를 기르는 것은 결코 쉬운 일이 아닙니다. 훈련이나 산책, 배설물 뒤처리부터 각종 예방접종이나 심장사상충 약 등을 정기적으로 챙겨야 하고, 병에 걸리거나 사고가 나면 병간호도 해야 하고 입원비도 듭니다. 또한, 사회에서는 반려인에게 요구하는 도덕심이 있으며 이를 자각하는 것 역시 중요합니다.

●인생 최고의 파트너

강아지는 인생의 반려동물로 둘도 없는 친구입니다. 여유가 없고 삭막한 현대 사회는 날이 갈수록 부모 자식이나 부부간의 유대 관계가 약해지고 있습니다. 이 빈틈을 메워 주는 것이 반려견입니다. 가족 공통의 화제를 만들어 주기도 하고, 강아지의 몸을 쓰다 듬으면 온기가 전해져서 마음이 편안해집니다.

●반려견을 알기 위해 더욱 노력하자

'예방이 최선의 치료다'라는 말처럼 강아지의 목숨을 빼앗는 질병은 대부분 예방할 수 있습니다. 우리 강아지는 건강하다며 질병 예방을 소홀히 하다가는 언제 병이 들어 죽을지 모릅니다.

여러분은 강아지의 울음소리나 몸짓을 통해 무엇을 이야기하는지 알 수 있나요? 또, 눈이나 표정, 태도를 보고 몸 상태를 판단할 수 있나요? 주인 말을 듣지 않는다고 불평만 하지 말고 강아지와 함께 시간을 보내며 좋은 관계를 만들어 보세요.

강아지의 성격이나 습성 등을 보기 쉽게 정리했으니 강아지가 보내는 신호를 제대로 읽고 알아 주세요. 소중한 반려견을 지키는 것은 당신입니다.

개의 종류로 성격도 추측할 수 있어요

개는 수백 종류가 있으며 지금은 애완견으로 인식되는 강아지들도, 인간에 의해 명확한 목적에 따라 만들어졌습니다. 각각의 견종이 어떤 목적에 의해 만들어졌는지 알면 강아지의 성격을 이해하는 데 도움이 됩니다.

🦴 사냥견종

●비글

짖으면서 사냥감을 뒤쫓는 버릇이 있어서 천성적으로 잘 짖습니다.

●바셋하운드

냄새로 사냥감을 추적합니다.

●골든 리트리버

물새 사냥에 이용되었습니다. 수면에 떨어진 새를 물어 왔기 때문에 수영을 잘합니다. 물놀이를 매우 좋아합니다.

🦴 목축견 · 목양견종

●셰틀랜드 쉽독   ●그레이트 피레니즈   ●코기

문제가 생기면 짖어서 알리던 버릇이 있어서 잘 짖고 신경질적인 편입니다.

🦴 썰매견 · 짐수레를 끄는 견종

●허스키   ●버니즈 마운틴 독

튼튼하고 다부진 체격을 가지고 있으며 더위에 약합니다.

🦴 건물 등의 경비견종

●뉴펀들랜드   ●세인트 버나드

절이나 집을 지키던 개로 피를 이어받은 시츄 등이 애완견으로 길러지고 있습니다.

🦴 소형 애완견종

작고 예쁜 생김새를 원하여 만들어진 강아지도 있습니다. 몸집은 작아도 개의 본성은 가지고 있어서 도움이 되기도 합니다.

●몰티즈   ●포메라니안   ●요크셔 테리어   ●미니어처 닥스훈트

●퍼그   ●파피용 등

위의 강아지들은 잘 짖어서 집을 지키는 역할을 합니다.

🦴 믹스견종

대부분 각각의 장점을 가지고 태어납니다. 순종에 뒤지지 않는 능력을 발휘하는 강아지도 많습니다.

특 징

생김새나 체형은 달라도 신체 구조는 같아요

이빨

갓 태어난 새끼 강아지는 이빨이 없습니다. 유치는 생후 3~4주부터 나기 시작하여 생후 3개월 정도가 되면 전부 나고 생후 6~7개월이 되면 유치가 빠지고 영구치가 납니다. 유치는 28개, 영구치는 42개입니다.

땀

여름이나 운동을 한 뒤, 입을 크게 벌리고 헐떡이며 혀에서 침을 뚝뚝 떨어뜨리는데 이것이 바로 강아지의 땀입니다. 강아지는 발바닥 외에 에크린땀샘(손·발바닥, 겨드랑이, 이마 등에 분포하는 땀샘)이 없어서 입의 점막과 혀에서 타액을 내보내 체온조절을 합니다. 발바닥에서도 땀이 나지만 체온조절에는 큰 도움이 되지 않습니다.

헐떡거림(천속 호흡)

체온이 올라가면 '헥헥'거리며 숨을 헐떡여서 체온을 내리려고 합니다. 안정 시의 호흡은 1분에 20회 정도이고, 격렬한 운동으로 체온이 올라가면 300회에 다다르는 천속 호흡을 합니다.

🦴 발

인간은 설 때 발꿈치까지 지면에 닿아 있는데 반해, 개는 발끝으로 서 있습니다. 마치 태어날 때부터 발레 슈즈를 신고 있는 듯한 모습입니다.

🦴 생식기

갓 태어난 수컷 강아지는 고환이 배 속에 있다가 생후 1개월 정도가 되면 음낭 안으로 들어갑니다. 그런데 간혹 성견이 되어도 한쪽 또는 양쪽 고환이 음낭 안으로 들어가지 않는 경우가 있는데 이를 잠복고환이라고 합니다. 고환이 복강 안에 머물러 있으면 종양화되므로 조기에 적출 수술을 하는 것이 좋습니다.

한편, 암컷 강아지는 생후 6~12개월이 되면 성견의 크기가 됩니다. 그 후 몇 개월 간격으로 난소가 주기적으로 활동하여 발정이 옵니다(생성기).

일반적으로 대형견보다 소형견이 성장이 빨라서 생후 8~10개월 사이에 첫 발정이 나기도 합니다. 따라서 1살이 채 되기 전에 임신할 수도 있으니 주의해야 합니다.

감각

개의 뛰어난 감각은 사람에게 도움을 줘요

개는 뛰어난 감각을 지니고 있습니다. 사람이 개의 이런 감각이 자신들에게 도움이 된다는 것을 알면서 인간과 개는 서로 협력하며 살아왔습니다.

후각

개의 후각은 포유류 가운데 으뜸입니다. 인간이 눈으로 사물을 인식한다면, 개는 냄새로 인식합니다. 사람은 냄새를 느끼는 세포가 3~4㎠뿐인 것에 비해, 개는 15~150㎠로 현격하게 차이가 납니다. 특히 땀에 포함된 휘발성 지방산의 감지 능력이 뛰어나 옛날부터 인간에게 이용됐습니다.

현재는 마약탐지견이나 폭탄탐지견, 트뤼프(송로松露 버섯의 일종으로 3대 진미) 채취, 지진 등 재해 현장에서 생존자를 탐색하는 데 이 능력을 발휘합니다.

검역견으로 활약하기도 합니다. 실제 얼마전 필자가 공항에서 귀여운 비글 한 마리를 봤습니다. 그 비글은 사람들 사이를 돌아다니다가 수하물을 기다리던 어떤 사람 앞에 가서 앉았습니다. 알고 보니 반입 금지인 과일을 가방 속에 몰래 숨겨 온 것을 발견했다는 신호였습니다. 그 사람은 난처한 얼굴로 가방에서 귤을 꺼내 담당 검역관에게 넘겼습니다.

🦴 청각

인간이 들을 수 있는 주파수는 16~2만 헤르츠이며 개는 65~5만 헤르츠로 특히 고음을 잘 듣습니다. 이것은 귀가 쳐진 개도 마찬가지입니다.

주인의 발소리나 자전거, 차 소리까지 구분해서 살며시 현관 앞으로 향하는 것도 이 뛰어난 청각 덕분입니다. 참고로 야생 늑대는 6Km 떨어진 동료의 울음소리도 들을 수 있다고 합니다.

🦴 시각

인간은 어두워지면 불을 켜야 보이지만 개의 눈은 어두워질 무렵에 가장 잘 보입니다. 늑대가 새벽이나 해 질 녘에 사냥을 시작하는 것도 이런 이유입니다. 또 개는 시야가 매우 넓습니다. 견종에 따라 다소 차이는 있지만 그레이하운드처럼 얼굴 폭이 좁은 개의 시야는 270도나 된다고 합니다. 참고로 인간은 180도입니다.

개가 움직이는 것에 민감한 반응을 보이는 것을 강아지를 길러 본 사람이라면 알 수 있습니다. 작은 것을 보는 능력은 인간이 더 뛰어나지만, 멀리서 움직이는 것을 보는 것은 개가 더 민감하게 반응합니다.

또한, 색은 연구 결과 파란색과 녹색, 그리고 그 둘이 섞인 색만을 구분할 수 있다고 합니다.

🦴 미각

개는 단맛을 좋아합니다. 미뢰(단맛을 느끼는 세포)의 수가 매우 많기 때문입니다. 한편, 신맛은 혀 전체에서, 짠맛은 혀의 앞부분에서 느낍니다.

늑대에게 물려받은 습성도 있어요

개의 종류는 수백 가지이지만 모두 공통된 습성이 있습니다. 그리고 그중에는 늑대에게서 물려받은 것도 있습니다.

짖기

강아지가 있는 집 앞을 지나갈 때 강아지가 심하게 짖어 깜짝 놀란 경험이 있을 것입니다. 이것은 상대를 공격하는 것이 아니라 '조심해, 못 보던 녀석이 있어!' 라는 경계신호를 자신이 속한 가족에게 보내는 것입니다.

콧등을 찡그리고 이빨을 드러내는 것은 상대를 공격하려는 것과 동시에 공포심도 나타내는 것입니다. 공포심이 커지면 으르렁거리면서 짖고 공포심이 극에 달하면 짖는 소리와 몸짓이 더 격렬해집니다. '겁이 많은 개일수록 잘 짖는다'는 말이 맞는 것 같습니다.

🦴 꼬리 흔들기

새끼 강아지가 처음 꼬리를 흔드는 것은 생후 6~7주 정도로, 형제 강아지와 몸을 맞대고 어미의 젖을 먹을 때 볼 수 있습니다. 이 시기에 새끼는 경쟁의식이 싹터서 형제간에 싸움이 시작되는데, 경쟁 상대인 형제와 함께 있는 것은 싫지만 어미의 젖은 먹고 싶은 상반된 기분이 표현된 것입니다.

성견이 된 뒤에는 반갑거나 구애를 할 때 꼬리를 흔듭니다. 친해지고 싶은 마음과 상대를 두려워하는 불안정한 마음을 드러내는 것입니다. 꼬리를 흔들 때 자신보다 서열이 낮은 강아지에게는 꼬리의 위치를 낮게 흔들고, 서열이 높은 강아지에게는 높이 세워서 흔듭니다.

🦴 물기

유치가 나기 시작하면 새끼 강아지는 아무거나 물고 마치 사냥감을 잡은 것처럼 물고 흔듭니다. 이 행동은 가지고 노는 것과 동시에 사냥감을 잡는 연습이기도 합니다. 또한, 이러한 행위는 턱의 발달을 촉진해 영구치가 잘 나도록 합니다. 따라서 강아지가 물면 안 되는 것은 입에 닿지 않는 곳에 보관하세요. 새끼 강아지는 주변에 떨어진 물건을 전부 물어도 되는 것으로 생각합니다.

🦴 서열 정하기

늑대의 습성이 강하게 남아 있는 부분 중 하나가 바로 서열을 정하는 일입니다. 늑대는 무리를 만들고 우두머리를 정점으로 최하위까지 철저하게 서열을 정합니다.

애완견 역시 이 습성을 이어받아 새끼 강아지들끼리 장난을 치며 놀면서 자신의 위치와 서열을 익힙니다. 따라서 가족을 무리로 간주하고, 자신도 무리의 일원이라 여깁니다. 개의 사회에서는 평등이란 없으며 반드시 상하 복종 관계가 성립합니다. 따라서 가정 내에서 강아지의 위치는 최하위여야 합니다.

성 장

개의 성장은 나이에 따라 달라요

🦴 신생아

태어나서 약 2주간을 신생아기라고 합니다. 눈도 안 보이고 귀도 안 들리지만 평형감
각이나 온도감각, 통증을 느낍니다. 배가 고프거나 추위를 느끼면 울면서 기어 다니기
도 합니다. 새끼 강아지는 어미가 엉덩이를 핥아 주면 그 자극으로 배설합니다.

🦴 이행기

14일에서 20일 무렵까지를 이행기라고 합니다. 눈을 뜨고, 다른 감각도 조금씩 발달
해 갑니다. 아장아장 걷고 외부 자극에 반응하기 시작합니다. 하지만 아직 경계심이나
공포심은 없습니다.

🦴 사회화기

생후 3주 무렵부터 12~13주를 사회화기라고 합니다. 생후 5주 무렵이 되면 어미가
수유를 거부하고 새끼 강아지도 어느 정도 이빨이 나서 유동식을 먹을 수 있게 됩니다.
평균적으로 대개 21주 경에 귀가 들리게 되고, 이때부터 새끼 강아지들끼리 서로 깨물

며 노는 일이 왕성해집니다.

'사회화기'라는 말은 다소 생소하지만, 강아지의 삶 전반에 매우 큰 영향을 끼치는 시기입니다. 이 시기에는 어미나 형제와 함께 지내며 강아지의 기본적인 행동을 익히게 하고, 이후에 인간 사회를 접하게 하는 것이 좋습니다. 예를 들면 자전거, 오토바이, 자동차 소리나 공사 소리 등을 들려 주고, 사람이나 강아지, 고양이, 새 등 다른 동물들의 소리도 적극적으로 보고 듣게 합니다.

또한, 이때는 백신 예방접종을 하는 시기로 접종 후 항체가 생길 때까지는 각별히 조심해야 합니다. 따라서 밖에 나갈 때에는 안고 다니는 것이 좋습니다.

🦴 청년기

6개월에서 성 성숙기(사춘기)까지를 청년기라고 합니다. 서로 간에 서열을 정하려 하며 영역 의식이 싹트기 시작합니다.

🦴 성년기

1살이 넘으면 신체적으로나 정신적으로 어른이 됩니다. 지배성이나 우위성이 나타나고 반항적인 모습을 보입니다.

🦴 노령기

7살이 넘으면 노령견입니다.

질 병

예방할 수 있는 것은 전부 하세요

주인이 아무리 조심해도 강아지의 목숨을 위협하는 무서운 전염병이 있습니다. 일단 감염되면 손쓸 방도가 없고 치료비도 만만치 않게 듭니다. 또, 치료가 된다 하더라도 평생 후유증이 남기도 합니다. 지금은 이러한 질병을 예방하는 백신이 있습니다. 정기적으로 백신을 접종하면 반려견의 건강도 지키고 쓸데없는 걱정과 지출도 방지할 수 있습니다.

🦴 백신 접종으로 예방할 수 있는 질병

●디스템퍼(개홍역)

바이러스에 의해 감염됩니다. 노란 눈곱이나 콧물이 나고 폐렴 증상이 나타납니다. 구토나 설사를 하기도 하며 발작, 근육 경련이나 마비 등 신경계에 치명적인 손상을 남깁니다.

●파보바이러스 감염증

바이러스에 의해 감염됩니다. 계속 토하고, 하루에도 여러 번 악취 나는 묽은 혈변을 보며 탈수 증상과 함께 급속히 쇠약해집니다. 백신이 없었을 때는 이 병에 걸려서 강아지들이 시름시름 죽어 가는 것을 보고만 있어야 했습니다. 이 바이러스는 평범한 소독약으로는 효과가 없습니다. 차아염소산나트륨 혹은 하이포아염소산나트륨(락스) 등 염소계 표백제를 사용해야 합니다.

●파라인플루엔자바이러스 감염증

바이러스에 의해 감염됩니다. 발열, 기침, 편도가 부어오르는 증상을 보입니다. 다른 바이러스나 세균의 혼합감염을 일으키고, 켄넬코프(바이러스성 감기)의 원인이 됩니다.

●아데노바이러스 감염증

바이러스에 의해 감염됩니다. 증상으로 폐렴, 기침, 구토, 설사 등을 보이며, 회복 시에 각막이 푸르스름하고 탁해지기도 합니다.

●렙토스피라증

세균에 의해 감염됩니다. 발열, 황달, 피부 발진 등의 증상을 보입니다. 이 질환은 쥐를 매개체로 사람에게도 감염됩니다. 사료를 실외에 보관한다면 쥐가 접촉하지 못하도록 주의해야 합니다.

●광견병

바이러스에 의해 감염됩니다. 사람을 포함한 포유류에 감염되고, 일단 발병하면 치료가 안 되는 무서운 질병입니다. 현재 일본에는 존재하지 않지만, 외국에서는 아직 사람이 사망하는 사례가 보고되고 있습니다.

*역주 – 우리나라에서는 휴전선 인근의 비무장지대의 야생동물에 의해 경기, 강원 북부의 산간 지방에서 발생한 예가 있으며, 관계 법령에 따라 광견병의 백신 접종이 의무시되고 있습니다.

♟ 약으로 예방할 수 있는 질병

●심장사상충

10~30cm의 국수 모양을 한 필라리아(사상충)라는 기생충이 강아지의 심장에 기생하면서 발생하는 질병입니다. 감염 초기에는 특별한 증상이 없지만 시간이 지날수록 기침, 피로, 빈혈, 혈뇨, 탈수 등의 증상을 보이게 됩니다. 갑자기 피를 토하며 사망하기도 합니다.

감염된 혈액 안에는 마이크로필라리아라는 유충이 있습니다. 모기가 감염된 동물의 피를 빨 때 혈액과 함께 유충도 모기 몸 안으로 들어오게 됩니다. 그리고 이 모기가 다른 개의 피를 빨면 그 유충이 들어가서 개의 심장에 도달하게 되고, 이 유충은 성충이 되어 또 유충을 낳습니다.

이처럼 다른 개에게서 직접 옮는 것이 아닌 모기가 매개인 질병입니다. 반려견을 심장사상충에게서 지키려면 한 달에 한 번 심장사상충 약을 먹이는 것이 좋습니다.

♟ 벼룩 · 진드기 예방

산책 중에 풀숲, 덤불을 지나거나 산으로 여행을 갔을 때 감염되기 쉽습니다. 한 달에 한 번 벼룩과 진드기 구충에 효과가 있는 살충약을 발라 주세요.

이것만은 반드시 알아 두세요!

성격

견종에 따라 성격도 각양각색. 애견이 어떤 견종인지 알아 두세요.

특징

사람과의 차이점을 알아 두면 강아지를 이해하는 데 도움이 됩니다.

감각

개의 뛰어난 감각이 인간과의 공생에 도움이 되어 온 사실을 잊지 마세요.

습성

개는 독특한 습성이 있으며 그중에는 늑대에게 물려받은 것도 있습니다.

성장

7살이 넘으면 노령견입니다. 개의 성장은 인간보다 훨씬 빠릅니다.

질병

백신 접종으로 막을 수 있는 전염병이 있습니다. 예방이 가능한 것은 모두 예방합시다.

제 1 장

이 증상은 뭐죠?

제 1 장

토해요

여러 가지 원인을 의심할 수 있습니다

토를 하는 원인은 매우 다양하며 그중에는 촌각을 다투는 위급한 상황도 있습니다. 또한, 원인에 따라 응급처치 방법도 크게 달라집니다.

원인이 뭐예요?

● 중독 ● 바이러스성 장염 ● 세균성 장염 ● 기생충증
● 식도 · 위장질환 ● 간질환 등

증상을 어떻게 알죠?

강아지가 토를 해도 심각하지 않은 경우도 많습니다. 토한 횟수, 이후 상태, 토하기 전에 먹은 것을 확인하세요. 토한 내용물에 따라서 매우 위급한 경우도 있으므로 잘 살펴봐야 합니다.

의심이 가면 바로 확인하세요

구토는 횟수, 토사물의 양과 내용물(피, 거품, 이물질 등)로 다양한 원인을 예측할 수 있습니다. 갑자기 토를 해도 이후 식사나 산책, 배변 등의 상태가 평소와 같다면 크게 걱정하지 않아도 괜찮습니다.

한편, 어미가 자신이 먹은 음식을 토해 내어 새끼에게 먹이는 것은 음식을 적응시켜서 젖을 떼려고 하는 것이니 걱정하지 않아도 됩니다.

이런 점을 유심히 살피세요

하루에도 여러 번 토를 하고 식욕도 없이 축 늘어져 있다면 질병을 의심해 봐야 합니다. 변이 이상한 것도 위험 신호입니다. 토를 한 번만 하더라도 신음을 하고 고통을 호소한다면 병원에 문의하는 것이 좋습니다. 한편, 습관적으로 토를 하는 강아지도 있습니다. 내버려 두면 위염으로 발전하여 피가 섞인 위액을 토할 수도 있습니다. 혼자서는 구역질을 멈추지 못하게 될 수도 있으니 조심하세요.

어떻게 하면 나을까요?

강아지는 종종 풀을 먹고 위액을 토해 내는데 이것은 위 안에 털뭉치가 있거나 가벼운 위염(위산과다)인 경우가 대부분이므로 걱정하지 않아도 됩니다. 토사물에 털이 섞여 있는지 혹은 식욕부진인지 점검하세요.

구토 증상이 지속될 때는 토사물을 가지고 병원에 가는 것이 좋습니다. 가지고 갈 수 없으면 토사물의 상태를 자세히 관찰하여 수의사에게 이야기합시다.

만약 토를 하는 원인이 중독이라면 최대한 빨리 치료해야 합니다. 감기 등의 감염 질환은 약을 먹이면 됩니다.

의사 선생님의 조언

식후에 바로 토를 하고 괴로워한다면 위염전(위가 꼬여 확장된 상태)일 가능성이 있습니다. 또한 음식이나 물을 넘기지 못하고 계속 토를 한다면 식도나 목 주변에 문제가 있을 수도 있습니다.

또 계속 기침을 하다가 구역질이 나와 토를 하기도 합니다.

한줄정보

강아지가 감기에 걸리거나 심장질환이 있으면 기침을 하다가 토할 수 있으니 조심하세요

식욕이 없어요

식욕은 건강의 척도입니다

강아지가 식욕이 없어지는 것은 정신 혹은 육체에 문제가 생긴 것입니다. 서둘러서 원인을 찾아내지 않으면 점점 체력이 떨어지게 됩니다.

 원인이 뭐예요?

●다양한 질병 ●외상 ●생활환경 이상 등

 증상을 어떻게 알죠?

좋아하는 간식이나 밥을 줘도 휙 하고 고개를 돌리며 식욕부진, 체중 감소 등 여러 가지 증상이 나타납니다. 강아지의 몸속 어딘가에 문제가 발생했다는 신호이므로 주의 깊게 살펴보세요. 식욕부진은 강아지에게 자주 나타나는 증상 중 하나입니다.

 **의심이 가면 바로 확인하세요**

새끼가 건강한데도 식욕이 없다면 하루 정도, 성견은 1~2일 정도 상태를 지켜보고 이후에도 같은 증상이 계속된다면 병원에 데리고 가세요. 강아지가 기운이 없고 식욕도 없다면 즉시 병원에 데리고 가는 것이 좋습니다. 목숨을 잃을 수도 있으니 각별히 주의해야 합니다. 성견은 나이가 들면서 식욕이 감퇴하는데 그렇다고 먹이의 양을 줄이면 몸이 상할 수 있으니 적절히 조절해야 합니다.

 **이런 점을 유심히 살피세요**

식욕은 건강의 척도입니다. 식욕이 언제부터 없는지, 마지막으로 먹은 것이 무엇인지, 물은 얼마나 마시는지를 확인해서 원인을 찾아낼 수 있습니다. 한편, 생활환경이 갑자기 변해도 식욕을 잃기도 합니다. 예를 들면 애견호텔에 맡기거나 평소와 다른 길로 산책한 것으로도 식욕을 잃을 수 있습니다. 이런 경우 정신적 스트레스가 원인이므로 가능한 한 빨리 생활환경을 원래대로 돌려 줘야 합니다.

어떻게 하면 나을까요?

식욕이 없어지는 원인을 찾아내어 그에 맞는 치료를 하면 식욕은 돌아오게 됩니다. 그러나 한 번 체력이 떨어지면 병도 이겨 내기 어려워집니다. 먹이에 반려견이 좋아하는 음식을 섞어 주거나 영양가 있는 음식을 섞어서 조금이라도 먹게 하는 것이 중요합니다. 이때 병에 따라서는 피해야 할 음식도 있으므로 수의사와 상담합시다.

식욕이 감퇴하면 평소 잘 먹던 먹이를 줘도 먹지 않거나, 먹고 나서 토하고 설사를 하기도 합니다. 이럴 때는 부드럽고 소화가 잘되는 먹이로 바꾸고 상태를 지켜보면서 서서히 평소대로 돌아오도록 합니다.

한줄정보 부추나 마늘도 같은 종류라 먹이면 안 돼요

의사 선생님의 조언

절대로 강아지에게 먹이면 안 되는 대표적인 음식이 부추과에 속하는 파나 양파류입니다. 파뿐만 아니라 파가 첨가된 국물도 절대로 먹여서는 안 됩니다. 예를 들어 파를 넣은 된장국, 전골, 찌개 등 파 성분이 들어 있는 모든 음식은 중독을 일으킵니다. (73쪽 참조)

기운이 없어요

강아지 원래 성격은 활발합니다

이 증상을 통해 여러 가지 질병을 예상할 수 있습니다. 기운만 없는지, 아니면 설사나 구토 등 다른 증상도 보이는지, 스트레스는 없는지 등 원인을 찾아봅시다.

원인이 뭐예요?

● 다양한 질병 ● 외상 ● 생활환경 이상 등

증상을 어떻게 알죠?

기운이 없는 이유는 반드시 있습니다. 발열, 설사, 구토, 부상 등 여러 원인이 있을 수 있으며, 생활환경 속에서 정신적인 스트레스를 받고 있을 가능성도 있습니다. 또 낯선 사람이 집에 들락거리거나 천둥, 불꽃놀이 등의 소리에 놀라도 기운이 없어집니다.

의심이 가면 바로 확인하세요

강아지의 몸을 만져 보고 몸 전체가 뜨겁거나 차갑지 않은지 확인합니다. 또한 몸에 상처나 타박상이 있는지, 호흡에 이상은 없는지, 식사나 배변 상태가 평소와 같은지 등을 확인하면서 원인을 찾아낼 수도 있습니다.

이런 점을 유심히 살피세요

기운이 없어지면 먼저 먹이를 잘 먹지 않고 산책을 해도 즐거워하지 않습니다. 상처나 타박상이 있을 때는 물론, 이물을 먹거나 배 속이 이상할 때에도 잘 움직이려고 하지 않습니다. 이 경우에는 이후 변이 묽어지거나 구토 등의 증상이 나타나므로 그때 원인을 확신할 수 있습니다. 일사병이나 열사병에 걸렸거나, 높은 곳에서 떨어지는 등 보이지 않는 곳에서 예상 밖의 사고가 있었을 가능성도 있습니다.

어떻게 하면 나을까요?

원인을 확실히 밝혀내고 치료를 하면 됩니다.

열사병이나 일사병이 의심되면 먼저 몸을 식히고, 탈수 증상이 있으면 수액을 처방합니다. 또한, 어딘가 통증이 있어 보이면 엑스레이를 찍어 골절이나 탈구가 아닌지 확인하고, 진통제 처방을 하면 어느 정도 기운을 회복합니다.

앞서 말했듯 기운이 없을 때는 원인을 따져 보면서 동시에 주인이 사랑으로 돌봐 주는 것이 중요합니다. 특별하게 짐작 가는 바가 없을 때는 평소보다 말을 많이 걸어 주거나, 작은 것도 칭찬해 주면 강아지가 기운을 되찾습니다.

의사 선생님의 조언

마당에서 기르는 강아지가 불꽃놀이나 천둥소리를 무서워한다면 그때마다 집 현관으로 들여놓도록 합시다. 또, 지나가는 어린이가 괴롭히거나, 산책 중인 다른 강아지를 보면서도 스트레스를 받을 수 있습니다. 강아지의 상태를 봐서 장소를 옮기는 것도 고려해 보세요.

너무 묽은 설사를 해요

설사의 종류도 여러 가지가 있습니다. 피나 점액이 섞여 있거나, 물 같은 설사를 하거나, 타르(끈끈한 검은색 액체) 같은 변을 보면 특히 주의해야 합니다.

원인이 뭐예요?

- ●바이러스(파보, 코로나)성 장염 ●중독 ●기생충
- ●대장카타르(대장염) ●십이지장염 ●출혈성 장염
- ●과식 ●스트레스 등

증상을 어떻게 알죠?

설사를 하는 원인은 먹이, 바이러스 감염, 중독, 기생충 등 다양합니다. 음식물 때문이라면 큰 문제가 아닐 수 있지만 이틀 이상 설사가 계속되거나, 한 번이라도 변의 색이나 냄새가 이상하면 즉시 병원에 가서 치료를 받아야 합니다.

의심이 가면 바로 확인하세요

과식, 먹이의 변화, 기름진 음식, 지나친 스트레스나 생활환경에 변화가 있으면 일시적으로 설사를 할 수도 있습니다. 한두 번 하고 그친다면 크게 걱정하지 않아도 괜찮습니다. 하지만 설사에 피나 점막, 검고 끈적한 것이 섞여 있다면 위험 신호이므로 즉시 변을 가지고 병원에 가세요. 정기적인 검변을 하지 않은 강아지는 장 속에 기생충이 있을 수도 있습니다.

이런 점을 유심히 살피세요

어린 강아지는 원래 자주 설사를 합니다. 하지만 이렇게 어린 강아지는 설사를 한두 번만 해도 바로 체력이 떨어집니다. 빨리 조치를 취하지 않으면 심각한 상황으로 발전할 수 있습니다.

 # 어떻게 하면 나을까요?

피가 섞인 설사를 한다면 심각한 병이 있을 가능성이 있습니다. (36쪽 참조)

수분이 많아 무르거나, 검고 끈적한 타르 상태의 설사를 한다면 대장염 혹은 위, 십이지장궤양이 의심됩니다. 이 경우 병원 치료를 받아야 합니다.

또한, 동시에 먹이도 신경 써 줘야 합니다. 증상이 조금만 나아져도 다 나았다고 생각하고 아무거나 주는 주인이 있는데, 그렇게 하면 안 됩니다. 한동안은 수의사와 상담하여 소화가 잘되는 먹이 등 치료식을 주는 것이 좋습니다.

의사 선생님의 조언

기생충으로 인한 설사는 정기적인 검변과 구충으로 방지할 수 있습니다.

백신 접종으로 예방할 수 있는 바이러스성 설사도 있습니다. 2살 이후에 해마다 하는 추가 백신 접종도 잊지 마세요.

변이 붉어요

장에 출혈이 있다는 신호입니다

보통 무른 변이나 설사에 피가 섞여 있는 경우가 대부분이지만, 정상적인 변이나 딱딱한 변에 피가 묻어 나올 때도 있습니다.

원인이 뭐예요?

●바이러스(파보, 코로나)성 장염 ●중독 ●출혈성 장염
●세균성 장염 ●대장염 ●기생충증 ●항문 주위의 염증 등

증상을 어떻게 알죠?

변에 피가 섞여 있거나 묻어 있을 때 변의 상태에 따라 예상되는 출혈 장소나 원인이 달라집니다. 같은 설사라도 물 설사에 피가 섞여 있거나, 곳곳에 점같이 피가 섞여 있는 경우 등 여러 가지 모습이니 꼼꼼하게 관찰해야 합니다.

의심이 가면 바로 확인하세요

변은 건강의 척도입니다.

아무리 주인이라도 변을 치우는 게 썩 달가운 일은 아닙니다. 하지만 변의 색이나 냄새를 통해 반려견의 질병을 조기에 발견할 수도 있습니다.

특히 변이 무르든 단단하든 변을 볼 때 아파하면 주의를 기울여야 합니다.

이런 점을 유심히 살피세요

출혈성 장염을 일으키는 질병 중 파보바이러스 감염증과 코로나바이러스 감염증은 백신 접종으로 예방할 수 있습니다. 파보바이러스 감염증 백신은 단독으로 접종하기도 하지만 보통 이 두 감염증은 혼합백신으로 한 번에 접종하는 경우가 많습니다. 반려견이 정기적으로 맞는 백신 안에 포함되어 있는지 확인해 두세요.

반대로 딱딱하거나 정상적인 변에도 표면에 피가 묻어 있는 경우가 있습니다. 변에 피가 섞여 나오는 것은 몸속 어딘가에 출혈이 있는 증거이므로 원인을 찾아 적절한 치료를 받아야 합니다.

 어떻게 하면 나을까요?

치료를 하려면 먼저 출혈을 일으킨 곳을 찾아내야 합니다. 검변이 필요하므로 변을 비닐봉지 등에 담아서 병원에 가져갑니다.

먹이도 신경을 써야 합니다. 수의사와 상담하여 처방식을 주거나, 집에서 치료식을 만들어 주어야 합니다.

원인에 따라 치료 방법이 달라지며 중간에 포기하지 않고 지속하는 것이 무엇보다 중요합니다. 아직 더 치료해야 하는데 괜찮다고 생각하고 치료를 중단하는 주인이 종종 있습니다. 소중한 반려견의 건강을 생각해서 완치될 때까지 치료를 해 줍시다.

만약 바이러스성 장염에 걸렸다면 심각한 상황입니다. 이 경우 붉은 점액성 혈변을 보고 식욕감퇴, 구역질도 나타납니다.

의사 선생님의 조언

정기적으로 백신 접종, 검변, 구충을 하면 원인을 찾는 데 큰 도움이 됩니다. 병원에서 물어보는 경우가 많으니 기록해 두는 것이 좋습니다.

만약 어린 새끼 강아지가 기생충 때문에 혈변을 본다면, 어미의 배 속에 있을 때 이미 감염된 것일 수도 있습니다.

한줄정보

새끼 강아지는 바이러스성 장염에 걸리면 목숨을 잃을 수도 있습니다

변에 기생충이 있어요

배 속에 기생충이 있다는 증거입니다

배 속에 있는 기생충이 변에 섞여 나오는 것은 그중 극히 일부입니다. 기생충은 대부분 알만 밖으로 내보내서 기생충 자체를 직접 보는 경우는 거의 없습니다.

원인이 뭐예요?

● 개회충 ● 개소회충 ● 개편충 ● 과실조충 ● 만손열두촌충 등

증상을 어떻게 알죠?

일반적으로 장 속에 기생충이 있어도 변에 섞여 나오는 경우는 거의 없습니다. 단, 과실조충과 만손열두촌충은 기생충의 몸 일부가 변을 통해 배출되어 눈으로 확인할 수 있는 경우가 있습니다. 그 외의 기생충이 변에 나왔다면 장 속에 정말 많은 기생충이 있다는 증거이므로 즉시 구충을 해야 합니다.

의심이 가면 바로 확인하세요

만손열두촌충의 증상은 금방 싼 변의 표면에 편절(기생충의 몸의 일부)이라고 하는 엷은 분홍색을 띤 참외씨 같은 것이 늘어났다가 줄어들다가 합니다. 감염 초기에는 변에서 이상을 알아차릴 수 없습니다. 엉덩이를 핥거나 비비고, 바닥에 엉덩이를 대고 질질 끄는 듯한 동작을 한다면 항문 주위를 잘 살펴보세요. 하얀 깨같이 말라붙은 조충이 있을지도 모릅니다.

이런 점을 유심히 살피세요

변에서 국수 모양을 한 기생충이 나올 때가 있습니다. 이는 대부분 개회충입니다. 이러한 기생충이 나온다면 장 속에 매우 많은 기생충이 있을 가능성이 높습니다. 즉시 병원에 데려가 검사를 받읍시다.

반려견 몸에 기생충이 있으면 다른 질병에 걸릴 확률도 높아지고 증상이 더해져서 상황이 더욱 심각해질 수 있으니 주의해야 합니다.

 어떻게 하면 나을까요?

기생충을 확인하면 적절한 구충을 하여 기생충을 박멸할 수 있습니다. 그러나 기생충의 알에 효과가 있는 약은 거의 없으므로 알에서 기생충이 부화할 즈음에 다시 한 번 구충을 해야 합니다. 기생충에 의해 장염이 생겼다면 염증 치료도 동시에 해야 합니다.

과실조충은 벼룩에 의해 옮습니다. 따라서 벼룩이 붙은 적이 있는지, 지금 벼룩이 있는지 확인하고 구충과 동시에 벼룩 구제도 해야 합니다.

의사 선생님의 조언

변에 섞여 나온 기생충은 강아지의 장내 기생충 중 극히 일부입니다. 대부분은 아직 알이거나, 매우 작아서 현미경으로 보지 않으면 확인할 수 없습니다. 배 속 기생충은 검변으로 조기에 발견할 수 있습니다. 정기적인 검변으로 반려견의 몸을 지켜주세요. 기생충이 있다면 주변 환경도 반드시 소독해야 합니다.

똥을 안 싸요

변비가 아닐 수도 있습니다

똥을 안 싼다고 다 변비는 아닙니다. 다양한 질병을 예상할 수 있습니다. 방치하면 식욕을 잃거나 토를 하기도 합니다.

원인이 뭐예요?

- 변비 ● 장폐색 ● 서혜헤르니아(탈장) ● 전립선염 ● 전립선비대
- 신경성 등

증상을 어떻게 알죠?

강아지가 며칠이 지나도 똥을 안 싸거나 배변 자세를 취해도 나오지 않습니다. 만약 강아지가 고통을 호소한다면 변비 외에도 다양한 질병을 의심할 수 있습니다. 변비가 지속되면 식욕을 잃고 토를 합니다. 노령견은 직접적인 문제가 아닌 신경성일 수도 있습니다.

의심이 가면 바로 확인하세요

평소에 변의 양, 횟수, 상태를 관찰해 두는 것이 좋으며 배변 상태가 평소와 다르면 주의를 기울여야 합니다. 만약 헛구역질을 동반한다면 장폐색이 의심됩니다. 한편, 이물질을 삼켜서 장이 막혔거나 장 자체에 이상이 생겨서 음식이 통과하지 못하고 있을 가능성도 있습니다. 원인이 무엇이든 변을 보는 자세를 취해도 변을 보지 못한다면 변비 이외의 원인이 있을 수 있다는 것을 명심합시다.

이런 점을 유심히 살피세요

노령견은 전립선비대나 헤르니아 또는, 척추나 신경에 문제가 생겨 장의 움직임이 둔해져서 변을 못 보게 되기도 합니다. 이는 노령견에게 흔히 나타나는 증상으로 하반신이나 허리를 가누지 못할 때도 있습니다. 이때는 수의사와 상담하시기 바랍니다.

또 다른 변비 증상으로 밥을 잘 먹지 않고 물도 잘 안 마시기도 합니다.

어떻게 하면 나을까요?

단순한 변비라면 약이나 관장으로 해결됩니다. 하지만 장 자체에 이상이 있거나 골반 협착, 서혜헤르니아가 원인이라면 적절한 치료를 해야 합니다.

만약 장폐색이라면 수술이 필요합니다. 시간이 많이 경과하면 장의 일부를 잘라내야 하거나, 장이 찢어져서 복막염을 일으킬 가능성도 있습니다.

서혜헤르니아인 경우에도 정상적인 위치에서 벗어난 장을 원래대로 되돌리기 위한 수술이 필요합니다.

전립선에 염증이 생겨서 부어올라 장을 압박하여 변이 지나는 길을 방해하는 경우도 있습니다. 이때는 항생제나 소염제를 투여하면 호전됩니다.

호르몬 균형이 깨져서 전립선이 비대해진 경우는 중성화수술을 하면 증상이 완화됩니다. 수술을 해도 전립선이 작아지지 않으면 호르몬제를 투여합니다.

원인이 무엇이든 수의사와 상의하여 반려견에게 가장 좋은 치료 방법을 선택하세요.

의사 선생님의 조언

강아지도 나이를 먹으면 장의 기능이 저하되어 변비에 잘 걸린다고 합니다. 수분을 충분히 섭취하게 하고 소화가 잘되는 먹이를 주어 변이 잘 나오게 신경 써 주세요.

허리와 다리가 약해진 노령견은 허리 부근을 양손으로 지탱해 주면 배변에 도움이 됩니다.

소변 보는 모습이 이상해요

배뇨 자세를 취해도 소변이 나오지 않는다면 방광이나 요도가 좁아지거나 막혀 소변이 나오는 것을 방해하고 있을지도 모릅니다.

원인이 뭐예요?

- 요로결석 · 전립선비대 ● 전립선염 · 방광염 · 신장염
- 방광, 신장의 종양 ● 순환기질환 등

증상을 어떻게 알죠?

방광이나 요도에 생긴 결석이 요도를 막거나, 장염이 생겨도 소변을 보지 못하거나 어려워합니다.

또 나이가 든 수컷은 전립선이 비대해져서 요도를 압박해도 같은 증상이 나타납니다.

의심이 가면 바로 확인하세요

배뇨 자세를 취해도 소변이 나오지 않아 도중에 포기한다면 자세히 관찰합시다. 소변 줄기가 평소보다 가늘거나, 찔끔찔끔 나온다면 주의해야 합니다.

강아지의 배 부근을 만져 보세요. 배가 팽팽하게 부풀어 있거나, 하복부에 단단한 공 같은 방광이 있다면 이상이 있다는 증거입니다.

이런 점을 유심히 살피세요

붉은 소변, 탁한 소변, 냄새가 이상한 소변 모두 병이 있다는 신호입니다. 이런 소변을 볼 때에는 강아지도 고통을 호소합니다. 조금 이상하다 싶으면 플라스틱 물통 등의 용기에 소변을 받아 병원에 가져갑시다. 또한, 정해진 곳에서 잘 보던 애가 여기저기에 소변이 눈에 띄고 질질 흘리고 다니는 것도 어딘가 이상이 생긴 것입니다.

소변의 색이나 냄새가 확연하게 달라졌다면 방광이나 신장에 염증이 있거나 종양이 생겼을 가능성도 있습니다.

어떻게 하면 나을까요?

소변이 잘 안 나오면 소변을 받아 병원에 가지고 가서 수의사와 상담하세요. 소변을 전혀 보지 못한다면 즉시 병원에 데려가야 합니다. 그대로 몇 시간 동안 소변을 보지 못하면 요독증에 걸려 목숨이 위태로워질 수도 있습니다.

결석이 생겨서 방광이나 요도가 좁아져 소변의 배출이 어려워지면 중성화수술을 하기도 합니다. 만약 초기에 발견해서 증상이 가벼우면 내과 치료와 식이요법으로 낫기도 합니다.

전립선이 부어오른 고령의 수컷은 중성화수술을 하여 붓기를 경감시킬 수 있습니다.

방광염이나 신장염 등의 염증에 의한 소변 변화는 항생제나 소염제 투여로 완화되지만, 종양이 생겼다면 수술이나 방사선 치료가 필요할 수도 있습니다.

의사 선생님의 조언

평소에 소변의 상태를 잘 관찰해야 합니다. 또한, 과거에 결석이 생긴 적이 있는 강아지는 먹이도 신경을 써야 합니다.

신장 주위에 강한 충격을 받아 붉은 소변을 보는 일도 있습니다. 또 암컷은 생리 중이나 자궁내막염, 자궁축농증 등으로 혈뇨를 보기도 합니다.

원인이 뭐예요?

●기생충증 ●간, 신장질환 ●당뇨병 ●내분비 이상 등

증상을 어떻게 알죠?

배 속에 기생충이 있으면 기생충에게 영양을 빼앗겨서 잘 먹어도 점점 살이 빠집니다.

간이나 신장에 병이 생겨도 몸속으로 흡수한 영양소를 제대로 이용하지 못해서 체중이 감소합니다.

의심이 가면 바로 확인하세요

평소 간식을 포함한 먹이의 양을 정확하게 파악하고 있는 것이 중요합니다.

본인 이외의 사람들이 음식을 주지 않는지도 알아보세요. 그리고 산책 거리나 시간이 강아지에게 적절한지 점검해 봅시다.

이러한 평소 생활 습관을 재점검하면 체중 변화의 원인을 파악하는 데 도움이 됩니다. 소중한 반려견을 위해 꼼꼼히 살펴 주세요.

이런 점을 유심히 살피세요

설사나 구토를 자주 하며 말라 간다면, 변이나 토사물에 기생충이 있는지 살펴봅시다.

체중 변화는 다양한 원인이 있으므로 의심되는 것들을 하나하나 점검하며 원인을 찾아야 합니다.

주인이 보기에 어딘가 이상하다고 느껴진다면 병원에 데려가는 것이 좋습니다.

살이 빠져요·살이 쪄요

먹는 양이나 생활에 변화가 없는데 체중이 준다면, 몸에 이상이 있는 것일 수도 있습니다. 질병으로 살이 찌거나 살이 찐 것처럼 보이는 것일 수도 있습니다.

내분비질환인 경우 실제로 살이 찌거나, 피부가 두꺼워져서 살이 찐 것처럼 보일 때도 있습니다.

 ## 어떻게 하면 나을까요?

체중 감소는 여러 가지 만성질환에서 자주 보이는 증상 중 하나입니다.

기생충증, 간이나 신장질환, 당뇨병 등은 특히 눈에 띄게 말라 갑니다. 질병의 원인을 찾아 적절한 치료를 하면 체중은 차츰 회복됩니다.

부신피질기능항진증, 갑상선기능저하증 등의 내분비질환은 살이 찌거나 살이 찐 것처럼 보이는 것이 특징입니다. 내복약으로 치료할 수 있으니 빨리 병원에 데려가세요.

다른 집에 맡기거나 이사로 인한 환경 변화로 스트레스를 받아도 먹는 양이 줄어들어 살이 빠지기도 합니다. 새로운 환경에 적응해 가면서 점차 원래 상태로 회복되니 이 경우 크게 걱정하지 않아도 됩니다.

의사 선생님의 조언

비만은 대형견의 엉덩관절질환, 소형견의 무릎관절질환을 악화시키는 주범입니다. 강아지가 나이가 들어 고생하는 일이 없도록 어릴 때부터 체중 관리에 주의를 기울입시다. 살이 찌거나 빠지는 증상은 병이 어느 정도 진행된 이후에 나타나는 경우가 많으므로 변화가 느껴지면 즉시 수의사와 상담하세요.

한줄정보

식욕이 왕성해지거나 물을 너무 많이 마시거나 털이 거칠어졌을 때도 병원에 데려가세요

기침·재채기를 하고 콧물을 흘려요

감기에 걸린 것처럼 기침을 하고 재채기, 콧물을 흘릴 때가 있습니다. 발작을 일으키듯 계속 기침을 하거나 콧물에 피나 고름이 섞여 나오는 경우도 있습니다.

 ## 원인이 뭐예요?

- 바이러스(켄넬코프, 디스템퍼) ● 호흡기질환
- 심장사상충 ● 심장질환 ● 기관허탈(기관지협착)
- 비염 ● 축농증 ● 비강종양 ● 이물질 등

 ## 증상을 어떻게 알죠?

강아지가 기침을 하는 모습은 마치 목에 걸린 것을 토해 내려는 것처럼 보입니다. 심하면 하얀 거품을 토하고 거품에 피가 섞여 있기도 합니다.

의심이 가면 바로 확인하세요

질병이 있는 경우 격렬하게 짖거나 운동을 한 뒤, 또는 한밤중이나 새벽, 해 질 녘 등 기온이 떨어지면 특히 기침을 많이 합니다. 이때 기침이 매우 심할 수도 있으므로 주의해야 합니다. 평소에는 눈에 띄지 않더라도 이런 때 기침을 한다면 더욱 눈여겨봐야 합니다.

또한 기침을 하면서 그와 함께 하얀 거품 같은 것을 토하면 반드시 병원에 데려가야 합니다.

이런 점을 유심히 살피세요

콧물에 피가 섞여 있거나 고름이 나오면 특히 주의해야 합니다.

또 산책 중 풀숲을 지날 때 격한 재채기를 한다면 식물의 씨앗이나 까끄라기(벼나 보리 따위의 낱알 겉껍질에 붙어 있는 깔끄러운 수염) 등이 콧속에 들어갔을 가능성이 있습니다.

콧속에 들어간 이물질이 나오지 않으면 후에 문제를 일으킬 수 있습니다. 재채기가 심하고 코피가 날 수도 있으니 병원에 데려가세요.

재채기나 콧물은 콧속에 이상이 있을 때 많이 나타납니다. 초기에는 증상이 가볍다가 반복되면 피가 섞여 나오고, 축농증에 걸리면 고름이 나옵니다.

 ## 어떻게 하면 나을까요?

기침을 멎게 하려면 기침을 일으키는 염증 치료는 물론이고 기관지를 확장시켜 주거나 중추신경계에 작용하여 기침을 가라앉히는 약을 병용하는 것이 좋습니다.

심장질환으로 인한 기침은 심장 치료를 하면 조금씩 나아집니다.

또한, 기관허탈로 인한 기침은 소형견에게 많으며, 더워지기 시작하는 봄여름 환절기에 거위 울음소리 같은 기침을 합니다. 이 병은 수술하지 않으면 증상이 호전되지 않으며, 내버려 두면 호흡곤란을 일으킬 가능성이 있습니다.

재채기, 콧물 등 코의 질병은 부비강이나 기관지로 퍼져 점점 악화되는 경우도 있으므로 빨리 치료해야 합니다.

의사 선생님의 조언

음식이나 이물이 목이나 식도에 걸리면 몸부림을 치며 기침을 합니다. 이물을 꺼낼 수 없을 때는 서둘러 병원으로 데리고 가세요. 기침이 심하다면 산책을 멈추고 안정시킨 뒤 병원에서 진찰을 받는 것이 좋습니다.

코를 골아요

코골이도 병의 신호입니다

자면서 드르렁거리거나 쌕쌕하고 코 고는 듯한 소리를 내는 경우가 있습니다. 이런 증상을 보이면 대부분 코나 목 주변에 이상이 있습니다.

 원인이 뭐예요?

● 연구개과장증 ● 비강종양 등

 증상을 어떻게 알죠?

퍼그나 시츄 등 코가 납작한 단두종에서 흔히 나타납니다. 목의 인후두부에 있는 덮개가 보통의 강아지보다 늘어져서 기도로 공기를 보내는 것을 방해해 잘 때 코를 골게 됩니다. 이런 강아지는 호흡 곤란을 일으키기 쉬우니 주의해야 합니다.

 의심이 가면 바로 확인하세요

잘 때 항상 코를 골고 크게 입을 벌려 호흡하는 강아지는 특히 주의해야 합니다.

깨어 있을 때도 조금만 흥분하거나 산책을 하면 곧잘 쌕쌕거리는 강아지도 있습니다. 그럴 때는 강아지의 혀를 살펴봅시다. 보라색이라면 위험 신호입니다.

또, 갑자기 코골이가 심해지거나 코피가 나면 각별한 주의가 필요합니다.

 이런 점을 유심히 살피세요

평소에는 호흡 소리가 조용해야 합니다. 하지만 평소에도 쌕쌕거리는 강아지가 있습니다. 이것은 연구개(공기나 음식이 직접 폐에 들어가지 않도록 하기 위한 덮개 같은 것)가 선천적으로 늘어져 있기 때문입니다. 또한 선천적으로 콧구멍이 찌그러진 경우도 있습니다. 이때도 공기가 드나드는 통로가 좁아 코를 골듯 숨을 쉽니다. 이러한 증상이 없는지도 잘 살펴봅시다.

어떻게 하면 나을까요?

일상생활에 지장을 주지 않으면 크게 걱정하지 않아도 괜찮습니다. 하지만 잠깐만 운동을 하거나 흥분하면 바로 혀가 보라색이 되고 호흡곤란이 반복적으로 일어나는 강아지도 있습니다. 경우에 따라서는 수술을 해야 할 수도 있습니다. 병원에서 진찰을 받는 것이 좋습니다.

한편, 콧속에 뾰루지 같은 것이나 종양이 커져도 이 같은 증상을 보입니다. 이때 코피가 나거나 얼굴이 부어오르는 증상도 수반됩니다. 단순한 염증이라면 항생제나 소염제로도 가라앉지만, 종양이라면 수술로 제거해야 합니다.

또한, 코나 목의 문제가 아니라 심장질환으로 인한 기침 소리일 수도 있습니다. 이 경우 기침은 쇄액쇄액하고 목을 울려서 코를 고는 듯한 소리로 들립니다. 이는 심비대나 심장판막증이라고 하는 노령견에게 많이 나타나는 질환의 증상입니다. 이 역시 약으로 증상을 완화시킬 수 있습니다. 병원에 가서 진찰을 받아 보세요.

의사 선생님의 조언

새끼 강아지가 심하게 코를 곤다면 빨리 병원에 데리고 가 진찰을 받는 것이 좋습니다. 내버려 두면 심장에 부담이 가서 성장에 방해될 수도 있기 때문입니다. 노령견이 코를 골거나 쇄액쇄액하고 목을 울리는 것은 심장에 병이 있다는 신호입니다.

침을 많이 흘려요 · 입냄새가 나요

침을 흘리거나 입냄새가 나는 첫 번째 원인은 치주병입니다. 치석이 들러붙어서 치주염을 일으키고 결국에는 이빨이 빠질 수도 있으니 주의해야 합니다.

 원인이 뭐예요?

● 구내염 ● 설궤양 ● 치주질환 ● 구강종양 등

 증상을 어떻게 알죠?

치주질환은 치석이 들러붙어서 치육염을 일으키고, 이것이 진행되어 치주염이 됩니다. 치주염이 되면 치조골에 염증이 생겨서 이빨이 흔들거리고 심해지면 눈 아래쪽의 볼 피부를 뚫고 밖으로 피나 고름이 터져 나오기도 합니다.

의심이 가면 바로 확인하세요

침을 많이 흘리거나 입냄새가 신경 쓰이면 강아지의 입 안을 살펴보세요. 이빨 표면에 치석이 노랗게 붙어 있는 것이 보일 것입니다. 만약 치석이 별로 없다면 혀에 이상이 있는 것입니다. 이때 강아지가 극심한 통증을 느껴 만지면 물 수도 있으니 조심해야 합니다.

혀가 심하게 붓거나 입 안에 염증이 있으면 강아지가 혀를 계속 내밀고 있는 경우도 있습니다.

이런 점을 유심히 살피세요

입 안에 병이 있으면 밥을 먹을 때 아파서 음식물을 질질 흘리게 됩니다. 병이 악화되어 통증이 심해지면 아예 식욕을 잃을 수도 있습니다. 또한, 딱딱한 음식을 꺼리고 부드러운 것만 먹으려고 합니다. 이런 증상을 보인다면 입 안에 병이 있다는 신호입니다. 강아지의 입 안 상태를 주의 깊게 관찰하세요.

한편, 구내염, 설궤양은 침에서 악취가 나는 특징이 있고 통증으로 인해 식욕이 떨어집니다. 강아지의 입 안 상태를 꼼 꼼히 살펴보세요.

어떻게 하면 나을까요?

치석은 백신 접종 혹은 심장사상충 예방 등 정기 검진을 할 때 수시로 수의사에게 진찰을 받고 심해지기 전에 제거하세요. 강아지는 치석을 제거하려면 전신마취를 해야 하므로 치료보다 예방에 중점을 두는 것이 좋습니다.

치주염까지 진행되었다면 장기간에 걸쳐 항생제나 소염제로 치료해야 하며 심하면 치조골이 변형될 수도 있습니다. 또한, 염증이 퍼져서 볼 피부를 뚫고 나왔다면 상처 부위를 소독하고 메우는 수술을 해야 할 수도 있습니다.

혀에 생긴 염증은 약으로 치료할 수 있지만 구강종양은 약으로 치료할 수 없습니다. 혀, 치육, 구개(입천장), 볼의 점막에 생기는 종양은 발견이 쉽지 않아서 치료가 늦어지는 경우가 많으며, 반드시 수술로 종양을 제거해야 합니다. 악성 종양은 폐나 그 외의 기관으로 전이될 수도 있기 때문에 반드시 수술을 해야 합니다.

한줄정보 치석을 제거한 후에도 치석에 효과 있는 처방식을 먹이는 등 예방하는 것이 중요해요

의사 선생님의 조언

치석이나 종양은 정기적으로 입 안을 점검하지 않으면 알 수 없습니다. 어릴 때부터 입 안을 보는 것에 적응을 시키고 가정 내에서도 자주 살펴 봅시다.

또한 애견용 양치용품도 다양하게 시판되고 있으므로 치석이 생기기 전에 양치액이나 칫솔질로 예방하는 것이 좋습니다.

밤새 짖어요

노령견이 특별한 이유 없이 밤새도록 짖을 때가 있습니다. 이것은 노령견에게 나타나는 치매 증상의 하나입니다.

원인이 뭐예요?

● 치매 등

증상을 어떻게 알죠?

최근 애완동물 의료 기술이 발달하며 질병 예방이나 건강관리 의식이 확산되고 사료의 질도 좋아지면서 장수하는 강아지가 늘고 있습니다. 노령견이라고 모두 치매에 걸리는 것은 아닙니다. 치매에 걸리면 밤새 짖거나, 밤마다 집 안이나 집 주변을 이리저리 돌아다니는 행동을 보입니다. 또한, 낮에는 반대로 잠만 자기도 합니다.

의심이 가면 바로 확인하세요

야간에 보이는 이상 행동 외에도 지금껏 별 탈 없이 하던 행동에서도 치매 증상이 조금씩 나타납니다.

- 이름을 불러도 반응을 보이지 않거나 주인 자체를 알아보지 못한다.
- 지금까지 잘해 오던 훈련이나 명령을 따르지 않는다.
- 좁은 공간이나 방구석에 머리를 넣으려 한다.
- 정해진 장소에서 잘하던 배변을 여기저기에 한다.

이런 점을 유심히 살피세요

강아지에게 치매 증상이 나타나면 먼저 주인이 그것을 인식하고 받아들이려는 노력이 필요합니다. 치매에 걸려도 주인의 작은 배려로 강아지는 편안함을 느낄 것입니다. 치매를 극복해 나가기 위해 증상을 이해하고 따뜻하게 지켜봐 주세요.

 # 어떻게 하면 나을까요?

치매는 무엇보다도 주인의 간호가 절실합니다. 완치는 불가능하지만 수의사의 조언이나 적절한 치료로 그 증상을 경감시킬 수 있습니다.

밤에 짖거나 행동하는 것은 수면유도제나 진정제를 먹이면 나아집니다. 또, 큰 애견용 패드를 깔거나 기저귀를 사용하면 배변 문제도 어느 정도 해결할 수 있습니다.

한편, 강아지가 밤에 돌아다니며 가구나 벽에 부딪치거나 방 모퉁이에 머리를 넣고 나오지 못하는 경우도 있습니다. 이럴 때는 욕실용 매트를 여러 장 이어서 둥글게 만들어 모서리를 막아 주면 사고를 방지할 수 있습니다.

의사 선생님의 조언

강아지가 치매 증상을 보여도 마지막까지 애정을 가지고 돌봐 주세요. 또한 강아지가 안정을 느낄 수 있는 환경을 조성해 주거나, 강아지에게 필요한 간호 용품을 준비하는 등 강아지가 편안하게 생활할 수 있도록 배려해 준다면 강아지는 물론 주인의 마음도 조금은 편해질 것입니다. 영양제(건강보조식품)로 진행을 조금 늦추는 효과를 보는 경우도 있습니다.

몸이 뜨거워요

목숨을 잃을 수도 있습니다

건강한 강아지도 격렬한 운동이나 흥분을 하면 귀나 몸의 체온이 평소보다 올라가기도 합니다. 그러나 질병으로 인한 발열은 매우 주의해야 합니다.

 ## 원인이 뭐예요?

● 감염증 등 염증성질환 ● 열사병 ● 간질
● 약의 부작용 ● 뇌질환 ● 피부염 등

 ## 증상을 어떻게 알죠?

강아지의 정상체온은 37.8~39.3℃이지만 스트레스나 불안으로 근소하게 오르내릴 수 있습니다. 열이 나는 이유에는 여러 가지가 있는데 대부분 감염증 등의 질병으로 발생합니다. 열이 41도 이상이면 목숨을 잃을 수도 있으니 각별히 주의해야 합니다.

의심이 가면 바로 확인하세요

평소에 자주 강아지의 몸을 쓰다듬으며 평상시의 체온을 알아 둡시다. 더 정확한 체온을 알고 싶다면 체온계를 항문에 넣어서 체온을 잽니다. 강아지가 기운이 없고 호흡이 빠르며 식욕이 떨어지면 반드시 체온을 확인합시다. 또한, 새끼 강아지는 평소에도 비교적 체온이 높은 편이며, 병에 걸리면 바로 열이 나는 경우가 많습니다. 평소 체온을 알아 두면 질병의 조기 발견에 큰 도움이 됩니다.

이런 점을 유심히 살피세요

장시간 직사광선이 내리쬐는 야외나 밀폐된 공간에 가두어 두면 일사병이나 열사병으로 급격하게 체온이 상승합니다. 강아지가 처한 상황을 통해서도 원인을 추측할 수 있습니다.

어떻게 하면 나을까요?

먼저 열이 나는 원인이 무엇인지 찾아내야 합니다. 강아지가 열이 난다고 과거에 병원에서 받은 해열제나 소아용 해열제를 사용하면 도리어 발열의 원인을 알 수 없게 될 수도 있습니다.

외상이나 염증이 있는 경우에는 원인을 바로 알 수 있지만, 폐렴이나 장염 같은 몸 내부의 염증은 겉으로는 알기 어려우므로 병원에 데려가는 것이 좋습니다.

강아지가 열이 높으면 호흡이 가빠지는 등 눈에 보이는 증상도 나타납니다. 기온 차가 커지면 더욱 한기를 느끼므로 이동할 때는 수건을 한 장 정도 덮어 줍니다.

한편 몸을 식힌다고 차가운 물을 바로 묻히면 안 됩니다. 미지근한 물에 가볍게 적신 수건을 덮어 주는 것이 좋습니다.

의사 선생님의 조언

염증이 있어서 열이 나는 것은 몸이 감염된 미생물과 싸우는 중이라는 뜻입니다. 또, 열이 나면 잠을 많이 자는데, 이는 충분한 휴식을 취하여 체력을 회복시키는 것입니다.

한편, 다른 동물과 싸운 후 상처 부위가 2~3일 뒤 곪아서 열이 나기도 합니다.

걷는 모습이 이상해요

어떤 다리가 아픈 건지 확인합시다

산책 중에 비틀거리거나 걸음걸이, 발을 짚는 모습이 이상해졌다면 발이나 관절에 문제가 생긴 경우가 많습니다. 어느 다리를 아파하는지 잘 살펴보세요.

 ## 원인이 뭐예요?

- 외상(베인 상처, 찔린 상처) ●염좌 ●관절염
- 류머티즘 ●골절 ●탈구 ●인대 손상 ●무릎뼈 탈구
- 엉덩관절 형성부전 ●골종양 ●신경계질환 등

 ## 증상을 어떻게 알죠?

보통 강아지는 맨발로 산책해서 땅에 떨어진 유리 조각이나 못 등에 발을 다칠 수도 있습니다. 발을 베어서 피가 나면 바로 발견할 수 있지만 찔린 상처는 발바닥부터 발가락 사이까지 유심히 살펴보지

의심이 가면 바로 확인하세요

무엇보다 평소에 잘 살펴보는 것이 중요합니다. 조금이라도 걷는 모습이 이상하다면 천천히 걷게 하여 유심히 살펴봅니다. 강아지가 정신없이 뛰어다닐 때는 아픈 곳이 있어도 그 통증이 겉으로 드러나지 않습니다.

이런 점을 유심히 살피세요

산책 전후나 산책 중에 허벅지 윗부분부터 발끝과 발 사이까지 다리 4개를 전부 꼼꼼히 만져 보세요. 아픈 곳이 있으면 발을 움츠려서 어디가 아픈지 발견할 수 있습니다.

처음부터 극심한 통증을 호소하거나 관절이 전혀 움직이지 않고 굳어 있거나 뼈가 부러진 것처럼 다리가 대롱대롱 매달려 있다면 즉시 병원에 데리고 가야 합니다.

않으면 발견하기 어렵습니다.

한쪽 다리를 들고 걷거나 걸음걸이가 평소와 다르다면 관절 혹은 주변의 힘줄이나 근육에 이상이 있을 가능성이 큽니다.

 ## 어떻게 하면 나을까요?

베인 상처나 찔린 상처는 먼저 유리 조각이나 풀씨 혹은 가시 등이 남아 있지 않은지 확인하세요. 만약 남아 있다면 조심히 제거합니다.

종종 발가락 사이에 진드기가 붙어 있을 때도 있습니다. 진드기의 머리가 남지 않도록 핀셋 등을 이용해서 제거합시다.

특별한 외상이 없는데 다리를 아파하면 정확히 어떨 때 아파하는지 알아내야 합니다. 손으로 누르면 아파하는지, 특정 관절을 구부리면 아파하는지 등을 확인합니다.

가벼운 통증이라면 2~3일 정도 산책을 자제하고 상태를 지켜봅시다. 그동안은 높은 곳을 뛰어오르거나 내리지 않게 하는 것이 좋습니다. 2~3일 후에도 계속 아파하면 병원에 가서 진찰을 받으세요.

의사 선생님의 조언

대형견에게 발생하는 엉덩관절질환은 유전병으로 생후 6개월에서 1살 정도에 발병하는 경우가 많습니다. 한편, 소형견은 무릎뼈 탈구가 많습니다. 양쪽 모두 뒷다리에 발생합니다. 이점을 유의하여 평소에 주의 깊게 살펴보세요.

흐려져요 눈이 하얗게

눈은 약한 부위이니 조심해서 살펴봅시다

눈이 하얗게 흐려지는 것은 각막의 염증이 심해져서 각막 자체가 흐려지는 것과 백내장으로 안구 안의 수정체가 흐려지는 것이 있습니다.

원인이 뭐예요?

●각막궤양 ●백내장 등

증상을 어떻게 알죠?

안구 표면의 각막에 염증이 생겨 진행되며 각막 일부가 하얗게 탁해지는데 이것이 각막궤양입니다. 날카로운 것으로 각막에 상처를 입어도 각막궤양이 될 수 있으니 주의해야 합니다.

의심이 가면 바로 확인하세요

결막염 혹은 각막염이 있고, 강아지가 눈 주위를 신경 쓰며 앞발로 긁는 듯한 행동을 보인다면 확인해 봐야 합니다.

펜라이트나 손전등 등으로 눈을 잘 살펴보면 안구 표면의 일부가 녹은 것처럼 깎여 있는 경우가 있는데 이것이 각막궤양입니다. 내버려 두면 더욱 악화되어 넓게 퍼질 수도 있습니다.

이런 점을 유심히 살피세요

노령성 백내장은 5~6살 이후부터 진행이 시작됩니다.

초기에는 일상생활에 아무런 불편함이 없으나 백내장이 진행되면 밝은 곳에서도 움직임이 둔해지고 수정체가 조금씩 뿌옇게 흐려집니다.

백내장이 악화되면 수정체가 혼탁해지고 시력도 사라져서 어딘가에 자꾸 부딪치고 걷거나 움직이는 것을 싫어하게 되기도 합니다.

백내장은 태어날 때부터 이상이 있는 선천적인 것과 여러 가지 원인으로 후천적으로 발생하는 것이 있습니다. 후천적인 백내장은 노령성 백내장 외에도 외상성, 중독성, 당뇨병성 등이 있습니다. 백내장 초기에는 시력에 문제가 없으나 진행되면 시력의 저하와 함께 녹내장을 일으키기도 합니다.

 어떻게 하면 나을까요?

각막궤양은 점안약이나 항생제, 소염제 투여로 대부분 치료가 됩니다. 하지만 궤양이 깊은 곳에 도달한 경우에는 각막 보호를 위해 수술을 해야 할 수도 있으므로 심해지기 전에 치료를 시작하는 것이 중요합니다. 가정 내에서도 엘리자베스 카라(상처 부위의 보호를 위해 목 주위에 씌우는 깔때기 모양의 보호 도구) 등을 사용해서 염증이 더 이상 진행되지 않도록 주의해야 합니다.

백내장은 진행을 억제하기 위한 점안약을 사용합니다. 최근에는 저하된 시력을 회복시키는 수술도 있습니다. 이러한 수술은 일반 병원보다 주로 대학병원이나 전문의가 있는 병원을 소개 받아서 진행합니다.

의사 선생님의 조언

고양이와 강아지를 같이 키우거나, 여러 마리의 강아지를 키울 때에는 동물들끼리 장난을 치다가 각막에 상처를 입는 일이 있으므로 특히 주의해야 합니다.

백내장 초기에는 밝은 곳에서는 발견하기 어렵습니다. 조금 어두운 곳에서 강아지의 검은 눈동자를 자세히 살펴보세요.

호흡이 이상해요

호흡은 건강의 척도입니다

건강한 강아지도 격렬한 운동을 한 뒤나 더운 실내에 있을 때는 입을 크게 벌리고 호흡할 때가 있습니다. 이번에는 호흡으로 알 수 있는 질병을 알아봅시다.

 ## 원인이 뭐예요?

- 발열 ● 기관지염 ● 폐렴 ● 폐종양
- 횡격막 이상 ● 흉강에 액체나 기체가 찬 심장질환
- 식도, 기관내 이물 ● 혈액질환 등

 ## 증상을 어떻게 알죠?

강아지는 조금 흥분하거나 더워지면 호흡이 빨라집니다. 하지만 평소 안정된 상태나 자고 있을 때도 빠르고 격한 병적인 호흡을 하는 경우가 있습니다.

의심이 가면 바로 확인하세요

평소 반려견의 호흡과 배의 움직임을 관찰해 둡니다.

복근을 사용해서 깊고 격한 호흡을 하는 것은 강아지가 고통을 호소하고 있는 것입니다. 그럴 때는 혀의 색을 점검하세요. 건강한 강아지는 혈색 좋은 분홍색을 띠고 있으며, 보라색은 병이 있는 증거입니다.

이런 점을 유심히 살피세요

열이 나면 호흡이 흐트러지고, 그 열이 내리면 호흡도 진정됩니다. 자세한 내용은 54쪽을 참고하시기 바랍니다.

원인은 매우 다양하며 그중에는 응급 상황일 때도 있으므로 주의해야 합니다.

어떻게 하면 나을까요?

호흡이 가쁜 원인이 발열인 경우에는 열이 내리면 호흡도 진정이 됩니다.

평소에도 호흡이 빠르고, 가끔 기침을 한다면 호흡기질환이 예상됩니다. 만성화되기 전에 적절한 치료를 받는 것이 중요합니다.

또한 집 안 환경에도 신경을 써야 합니다. 겨울철에는 아침이나 밤 시간에 산책을 피합니다. 또한, 이 시기에는 문을 여닫을 때와 같은 갑작스러운 온도 변화에 주의하고 실내 공기가 너무 건조하지 않게 유지하는 것도 중요합니다.

심장이나 혈액에 병이 있는 경우에도 호흡이 불안정하며, 금세 지치거나 혀가 보라색이 되는 증상도 보입니다.

간혹 강아지가 집을 나가거나 산책 중에 잃어버렸다가 한참 뒤에 돌아와서 거칠고 격한 호흡을 할 수도 있습니다. 이는 교통사고를 비롯하여 무언가의 사고로 횡격막에 이상이 생겼거나, 폐 일부가 찢어져서 흉강에 공기나 혈액 같은 액체가 찬 것일 수도 있습니다. 즉시 병원에 데리고 가세요.

의사 선생님의 조언

호흡은 주인이 평소에 간단히 점검해 볼 수 있는 건강의 척도입니다. 건강할 때와 조용히 자고 있을 때, 강아지가 1분 동안 몇 번의 호흡을 하는지 세어 보세요.

정기적으로 건강 검진을 하면 호흡기질환을 조기에 발견할 수 있습니다.

눈 밑에서 피고름이 나왔어요

눈 밑의 볼 부근이 조금 붓다가 피부를 뚫고(50쪽과 같은) 피고름이 나오는 경우가 있습니다. 치주염으로 인한 화농이 심해진 것입니다.

원인이 뭐예요?

● 치주질환 ● 유루증 ● 부비강염 등

증상을 어떻게 알죠?

눈 밑의 볼에서 피 같은 고름이 나오는 원인은 입 안이나 이빨 주위의 염증입니다. 치석이 부착되어 치육염이 치주염이 되고 이빨 뿌리에 화농이나 염증이 일어나서 결국에는 고여 있던 고름이 터져 피부를 뚫고 나옵니다.

의심이 가면 바로 확인하세요

침을 흘리거나 입냄새가 신경이 쓰인다면 먼저 입 안을 살펴보고 치석이나 입 안의 염증을 점검합니다. 자세한 내용은 50쪽을 참고해 주세요. 치육이 붉게 부어오르거나, 잇몸이 닳아 없어진 것처럼 꺼져 있다면 치육염이 상당히 진행된 상태입니다. 눈 밑이나 볼 주위를 자세히 살피고, 가볍게 만져서 부었거나 무언가 차 있는 느낌이 든다면 수의사에게 진찰을 받아야 합니다.

이런 점을 유심히 살피세요

항상 눈물을 흘리거나 코로 숨을 쉬고 있을 때 콧속에서 지익지익 하고 소리가 난다면 유심히 살피세요. 눈 밑이나 볼 아래 부위에서 피가 나고 고름이 나올 수도 있습니다. 내버려 두면 심각한 상황으로 발전할 수도 있으니 수의사와 상담하세요. 이 병은 평소에 꼼꼼히 관리해 주면 걱정하지 않아도 되는 질병입니다. 식후에 강아지의 이빨을 칫솔로 닦거나 물티슈로 닦아 주면 예방 효과가 있습니다.

치석 외에도 강아지에게는 드문 충치나 부러진 이빨의 치수가 세균에 감염되어 염증이 생기는 경우도 있습니다.

 어떻게 하면 나을까요?

치석을 제거하고 조기에 치료하여 이 증상을 예방하는 것이 가장 중요합니다. 또 강아지에게는 드물지만, 충치가 있거나 딱딱한 것을 씹다가 혹은 사고로 깨진 이빨이 있다면 빨리 치료를 해야 합니다.

눈 밑이 부었어도 피부가 찢어지기 전이라면 내복약으로 붓기를 가라앉힐 수 있습니다. 하지만 한 번 피부가 찢어지면 수술을 해야만 합니다. 또한, 이 증상은 원인인 화농이나 염증을 치료하지 않으면 재발하므로 끝까지 치료해야 합니다.

항상 눈물을 흘려서 볼 주위가 눈물로 젖어 있는 강아지는 수시로 깨끗하게 닦아 주지 않으면 세균감염으로 피부에 염증을 일으켜 부어오르는 경우도 있습니다. 털이 빠지거나 빨갛게 되는 정도로 고름까지 나오지는 않지만 내버려 두면 염증이 점점 넓게 번집니다.

의사 선생님의 조언

치육염은 볼이 아닌 눈 밑이 부을 때도 있습니다. 정기적으로 입 안을 점검하면 심해지기 전에 예방할 수 있습니다.

강아지는 입 안을 만지거나 억지로 벌리는 것을 싫어합니다. 특히 성견이 되면 난폭하게 굴고 물기도 하니 살펴볼 때 조심하세요.

항상 눈물이 나고 눈곱이 생겨요

안구나 눈 주위에 염증이 있으면 눈물이 나거나 눈곱이 끼고 눈을 자주 깜빡입니다. 속눈썹이 안쪽을 향해 안구를 찌르는 강아지도 같은 증상을 보입니다.

원인이 뭐예요?

- 눈꺼풀이나 속눈썹 이상(안검내반증 · 안검외반증)
- 결막염 ● 각막염 등

증상을 어떻게 알죠?

눈꺼풀 안쪽의 결막에 먼지나 티끌이 들어가서 염증을 일으킨 것을 결막염이라고 합니다.

또한, 눈이 가렵거나 신경이 쓰이면 앞다리로 눈을 긁는데, 이때 눈 주위나 안구 각막에 상처가 나서 염증이 생기기도 합니다. 이것

의심이 가면 바로 확인하세요

아침에 일어나면 눈곱이 잔뜩 껴 있거나 쉴 새 없이 눈물을 흘린다면 아래 눈꺼풀을 당겨서 안쪽을 확인해 보세요. 새빨갛다면 결막염입니다. 이때 안구도 자세히 들여다보세요. 상처가 난 듯 뿌옇게 흐려졌다면 각막염 혹은 각막궤양일지도 모릅니다. 평소에 눈물을 많이 흘리고 눈곱이 잘 끼는 강아지는 앞발로 눈을 긁듯이 비비는 행동을 자주 보입니다. 이런 행동도 그냥 넘어가지 않고 지켜봐야 합니다.

이런 점을 유심히 살피세요

결막염이나 각막염은 속눈썹이 정상적인 방향으로 자라지 못하거나 눈꺼풀이 뒤집혀 있을 때 일어납니다. 아래 눈꺼풀이 뒤집힌 듯이 바깥을 향하고 있다면 결막이 외부에 노출되어 자극을 받아 염증을 일으키기 쉽습니다.

또한 위아래의 눈꺼풀이 안쪽으로 들어가 있다면 속눈썹에 각막이 자극 받아 염증을 일으킬 수도 있습니다.

이 바로 각막염입니다.

한편, 눈꺼풀과 속눈썹이 안쪽을 향해 있어서 안구를 자극하는 상태를 안검내반증이라고 하며, 반대로 눈꺼풀과 속눈썹이 바깥쪽으로 말려서 항상 각막이 드러나 있는 상태를 안검외반증이라고 합니다.

 어떻게 하면 나을까요?

각막염이나 결막염은 증상이 가벼우면 점안약이나 내복약으로 치료가 가능합니다. 이때 눈을 긁지 못하게 하는 것이 중요한데, 주인이 항상 감시할 수 없다면 엘리자베스 카라를 사용하는 것이 좋습니다.

또한, 안검내(외)반증으로 인해 결막염이나 각막염이 지속해서 발생한다면 빨리 수술하는 것이 좋습니다. 내반증은 속눈썹을 뽑아도 금세 자라나서 자극이 반복되기 때문입니다.

한편, 공기가 건조하고 바람이 세찬 겨울과 먼지나 꽃가루가 많은 봄에는 눈물을 특히 많이 흘립니다. 이 시기에는 강아지가 눈을 자주 비벼서 염증을 일으키거나 눈물이 많이 나므로 유심히 살펴야 합니다.

의사 선생님의 조언

안구가 크고 앞으로 돌출된 퍼그나 시츄는 각막에 상처가 나는 일이 많으므로 특히 유심히 살펴야 합니다. 또한, 몰티즈나 요크셔테리어는 얼굴 주변의 털이 길어서 그 털이 자라서 눈을 자극하여 결막염을 일으키기도 하므로 주의해야 합니다.

갑자기 걷지 않아요

심장질환의 신호입니다

다리나 발에 문제가 없는데 걷거나 운동을 싫어하게 되었다면, 심장질환의 증상이 나타나고 있는 것일 수도 있습니다. 정기 검진을 받으면 조기에 발견할 수 있습니다.

 원인이 뭐예요?

- 사지의 병 ● 호흡기질환
- 심장질환(심장사상충증, 승모판 폐쇄부전증 등) 등

 증상을 어떻게 알죠?

심장질환은 선천적으로 심장에 기형이 있는 경우와 강아지가 어느 정도 자란 뒤 심장사상충증 등의 질병에 걸리는 후천적인 경우가 있습니다. 또 심장 판막에 이상을 일으켜 증상이 나타나는 강아지도 있습니다.

의심이 가면 바로 확인하세요

선천적으로 심장에 이상이 있는 강아지는 어릴 때부터 약간만 움직여도 금방 지치고, 항상 호흡이 빠르며, 종종 기침도 합니다. 그리고 혀가 보라색인 경우가 많습니다.

이런 점을 유심히 살피세요

산책을 좋아하던 반려견이 최근 들어 산책 도중에 멈추어 서거나 빨리 집에 가고 싶어하는 등의 행동을 보이면 심장에 병이 생긴 것일지도 모릅니다. 강아지의 상태를 잘 관찰하고 의심되거나 걱정되는 부분이 있다면 병원에 가서 검진을 받으세요.

심장질환이 아니라도 갑자기 걷지 않으려 할 때가 있습니다. 이는 강아지가 몸의 이상을 호소하는 것일 수도 있으니 잘 살펴 보세요.

어떻게 하면 나을까요?

선천적으로 심장이 기형인 경우도 있습니다. 생후 6개월이 되기 전에 증상이 나타났다면, 즉시 치료하지 않으면 목숨을 잃을 수도 있습니다. 기형을 가지고 태어나더라도, 증상이 가볍고 주인이 식이요법이나 안정을 유지할 수 있도록 잘 보살펴 주면 길게 생명을 이어갈 수도 있습니다.

심장사상충 감염에 동반되는 심장질환은 심장사상충의 근본적인 치료와 동시에 심장의 움직임을 돕는 약의 병용이 필요할 때도 있습니다. 하지만 무엇보다도 심장사상충을 사전에 예방하는 것이 중요합니다.

승모판 폐쇄부전증은 나이가 들수록 발병할 가능성이 높습니다. 또한 이 증상 자체를 치료하지 않으면 시간이 흐를수록 점점 악화됩니다. 병의 진행 정도에 따라 운동량을 낮추는 등 조절을 하고 염분을 낮춘 식이요법을 하는 것이 큰 도움이 됩니다. 또한, 병원에서 정기적으로 검진을 받고 투약 등 치료를 받으면 더욱 효과가 좋습니다.

의사 선생님의 조언

심장사상충에 감염되어도 초기에 발견하면 기생충을 박멸할 수 있습니다. 검사나 예방을 안 하고 있다면 즉시 진찰을 받으세요. 다른 심장질환은 예방이 어렵지만, 심장사상충증은 예방약으로 충분히 막을 수 있습니다. 철저한 예방으로 반려견이 고통받지 않게 해 주세요.

귀를 긁고 머리를 털어요

귀에 병이 있다는 신호입니다

귀 주위를 긁거나 머리를 빈번하게 흔드는 것은 귀에 이상이 있다는 증거입니다. 피부병이나 염증이 생겼거나 혹은 이물질이 들어갔을 가능성도 있습니다.

원인이 뭐예요?

● 외이염 ● 외이도염 ● 중이염 ● 내이염 ● 귀혈종(이개혈종) 등

증상을 어떻게 알죠?

귀의 입구에서 안쪽까지 이어진 강아지의 외이도는 형태상 염증이 발생하기 쉽습니다. 귀지에 세균이나 효모균이 들러붙어 귀 점막에 염증을 일으키거나 귀 진드기의 기생에 의해 검은색 귀지가 생기고 염증과 혈종이 생기는 등 그 원인은 매우 다양합니다.

의심이 가면 바로 확인하세요

귀 주위를 빈번하게 긁거나, 머리를 기울이거나 흔든다면 귀의 이상을 의심해야 합니다. 처음에는 가렵기만 하지만 더 진행되면 통증을 동반하여 귀를 만지면 매우 싫어합니다.

이런 점을 유심히 살피세요

귀에 이상이 생기면 밤중에 갑자기 일어나서 귀를 마구 긁거나 통증으로 울기도 합니다. 귀를 긁는 초기 증상을 보인다면 귀를 자세히 살펴봅시다. 귀지가 많은지, 귓속에서 고약한 냄새가 나는지, 귀에서 열이 나는지 등을 확인합니다. 또한, 귀에 털이 많거나 긴 강아지, 귀가 처져 있는 강아지는 귓속에 열이나 먼지 등이 쌓이기 쉬우며 이로 인해 염증이 생길 수도 있습니다.

외이도에 염증이 계속 생기면 중이염이나 내이염, 귀 바깥쪽에 피부염까지 일으키는 등 다른 곳으로 번질 수 있습니다.

어떻게 하면 나을까요?

초기에 발견하여 병원에서 치료를 받는 것이 중요합니다. 이 병은 방치하면 점점 진행되어 귀 안쪽이나 입구, 그 주위까지 염증이 확대됩니다.

진드기가 있으면 염증 치료와 함께 진드기도 구제해야 합니다.

한편, 주인이 먼지나 염증을 제거하려고 귀청소를 하다가 귀 점막에 상처를 입히거나, 먼지 등을 귀 안쪽으로 밀어 넣어서 더 악화되거나 만성화될 수도 있습니다. 따라서 먼저 병원에서 적절한 치료를 받고 가정 내에서 할 수 있는 처치 방법을 물어보고 행합시다.

또한, 증상이 완화된 것을 보고 다 나았다며 도중에 치료를 그만두면 재발할 수도 있습니다. 완치될 때까지 끈기 있게 치료를 계속하는 것이 중요합니다. 귀에 생긴 질병은 치료하는 데 생각보다 시간이 걸리는 경우가 많습니다. 마지막까지 완벽하게 치료합시다.

의사 선생님의 조언

목욕을 시킬 때 귓속에 샴푸나 물이 들어가지 않게 조심하세요.

약국에서 판매하는 솜으로 귀를 막고 하는 것도 한 방법입니다. 목욕 후에는 외이도를 부드러운 솜 등으로 가볍게 닦아 내고 물기를 말려 주세요.

한 줄 정보

외이도에 털이 많은 강아지는 털을 뽑아서 오염 물질이 잘 끼지 않게 하세요

귀가 부었어요

귀 뒤쪽은 괜찮은지 확인합시다

귓바퀴란 쫑긋 서거나 처진 귀의 바깥쪽을 말하는 것으로, 피부와 연골로 이루어져 있습니다. 이 부분이 부으면 귀혈종이라는 병이 발생한 것으로 강아지가 매우 아파합니다.

 원인이 뭐예요?

● 귀혈종(이개혈종) 등

 증상을 어떻게 알죠?

외이도(귓바퀴 주변에서 안쪽까지 이어진 부분)에 염증이 있거나, 진드기나 벼룩 등의 기생충, 나무나 풀의 씨앗 등에 자극 받아 귀를 발로 긁거나 머리를 흔들면 귀 혈관의 내압이 높아져 내출혈이 발생하며 혈액이 고이게 됩니다. 이렇게 고인 혈액은 혈종이 되고 이것을 귀혈종이라고 합니다.

의심이 가면 바로 확인하세요

고개를 갸우뚱하거나 귀를 자주 세게 긁는 등 귀를 불편해하면 외이도염이나 귓바퀴의 피부염을 의심할 수 있습니다. 귓바퀴 전체를 손으로 만져 보면 피가 고인 주머니 같은 것을 발견할 수 있습니다.

평소 귀를 만지는 것을 싫어하는 강아지는 귀청소도 쉽지 않습니다. 이러한 강아지는 귀의 좌우 위치나 모양이 다른 것으로 귀혈종을 의심할 수 있습니다.

이런 점을 유심히 살피세요

귀혈종은 귓바퀴에 피가 차는 증상이 반복됩니다. 끈기 있게 치료하는 것이 중요하므로 주인이 인내심을 가지고 완치될 때까지 치료를 지속해야 합니다. 또, 증상이 악화되지 않도록 평소에도 귀 뒤쪽을 잘 살펴보아야 합니다.

 ## 어떻게 하면 나을까요?

귀가 부은 것은 자연히 가라앉기도 하지만 원인이 되는 외이염 등의 치료를 해야 합니다. 한 번 생긴 혈종은 피를 빼내도 다시 고입니다. 도중에 치료를 중단하지 않고 완치될 때까지 반복하여 혈종을 완전히 제거하는 것이 중요합니다. 이 병을 오래 방치하면 고여 있는 피가 굳거나, 완치를 해도 귓바퀴가 크게 변형되어 귀의 모양이 변할 수도 있습니다. 이 치료는 매우 힘들고 수술이 필요할 수도 있습니다. 그리고 무엇보다도 이 병에 걸리면 강아지가 매우 아파합니다. 평소 반려견에게 관심을 갖고 지켜보고 이상을 발견하면 초기에 치료합시다.

의사 선생님의 조언

이 병은 내버려 두면 피가 차는 양이 늘고 범위도 넓어지면서 점점 커집니다. 완치될 때까지 치료하고 강아지가 귀를 긁지 못하게 해야 합니다. 귀를 만지는 것을 싫어하는 강아지가 많은데, 강아지가 어릴 때부터 귀청소에 익숙해지게 해서 중요한 때 통증이 있는지 등을 확인할 수 있도록 하는 것이 좋습니다.

한줄 정·보

귀혈종이란 귓바퀴의 혈관이 찢어져 피부와 연골 사이에서 내출혈을 일으키는 거예요

잇몸과 눈의 흰자위가 노래요

건강한 강아지의 잇몸은 붉은빛을 띤 분홍색입니다. 노란빛을 띠기 시작했다면 황달이 나타난 것입니다. 황달은 간, 혈액과 관련된 병을 나타내는 중요한 신호입니다.

 ## 원인이 뭐예요?

●용혈성빈혈 ●중독 ●간질환 ●심장사상충증 등

 ## 증상을 어떻게 알죠?

잇몸이나 눈의 흰자위가 노랗게 되는 황달은 반드시 어떤 질병의 증상 중 하나입니다. 그것이 혈액 안의 혈구 성분이 망가져서 생기는 용혈성빈혈에 의한 것인지 간염이나 간경화 등의 간질환에 의한 것인지에 따라 강아지에게 나타나는 또 다른 증상이 크게 달라집니다. 한편, 심장사상충증의 말기에 황달이 나타나기도 합니다.

의심이 가면 바로 확인하세요

황달은 어떤 병의 증상 중 하나입니다. 용혈성빈혈이 원인이라면 먼저 식욕이 없어지고, 잘 먹어도 살이 빠지거나 설사, 변비를 반복합니다.

황달이 생기기 전에 병을 알아차리면 좋겠지만 아주 조금이라도 황달끼가 있다면 조속히 병원에 가서 진찰을 받으세요.

소변이 몹시 누런 것도 황달 증상 중 하나입니다. 평소에도 항상 소변의 색을 점검하세요.

이런 점을 유심히 살피세요

황달 증상이 나타났다면 병원에서 진찰을 받고 그 원인을 치료해야 합니다. 근본적인 원인이 해결되면 황달은 점점 사라집니다. 증상이 나타나면 병원부터 가서 진찰을 받읍시다.

 # 어떻게 하면 나을까요?

용혈성빈혈이라면 원인은 자가면역성질환, 감염증, 중독성으로 나눌 수 있습니다.

자가면역성 용혈성빈혈은 갑자기 발병하는 일이 많으며 예방이 어렵습니다.

감염증 용혈성빈혈은 바베시아증이라고도 불립니다. 이것은 참진드기를 매개로 감염되며 바베시아라고 하는 원충이 적혈구에 기생하여 빈혈을 일으킵니다. 따라서 진드기를 차단하면 바베시아증으로부터 강아지를 보호할 수 있습니다.

한편, 중독성 용혈성빈혈은 양파 중독이 대표적입니다. 양파류를 대량으로 섭취하거나 지속적으로 섭취하는 경우에 발병합니다. 양파나 파는 물론, 이를 넣고 끓인 국물도 먹여서는 안 됩니다.

간질환은 건강 진단 시 피검사를 통해 그때그때 간기능을 점검하는 것이 좋습니다. 간질환은 증상이 겉으로 잘 드러나지 않아 증상이 나타났을 때는 이미 병이 상당히 진행된 경우가 많기 때문입니다.

의사 선생님의 조언

잇몸이나 눈의 흰자위가 노랗다면 여러 가지 원인을 생각해 볼 수 있습니다. 강아지에게 이런 증상이 나타나면 일단 병원부터 갑시다. 원인을 찾아내어 치료하면 황달 증상은 없어집니다. 황달은 잇몸과 눈의 흰자위를 보고 확인할 수 있습니다. 조금만 신경 쓰면 조기에 발견할 수 있는 증상이므로 평소에 점검하는 것이 중요합니다.

한줄정보

평소에 관심을 갖고 보살피는 것이 반려견의 건강을 지키는 중요한 열쇠예요

의자에서 뛰어 내린 뒤 깨갱하고 울어요

평소에 문제없이 뛰어내리던 높이에서 뛰어내린 직후 갑자기 심하게 아파한다면 다리의 뼈나 근육, 특히 무릎 인대를 다쳤을 가능성이 높습니다.

 원인이 뭐예요?

- 다리 골절 ● 탈구 · 염좌 · 인대 손상 등

 증상을 어떻게 알죠?

평소에 문제없이 뛰어내리던 높이여도 실수로 착지를 잘못해서 염좌가 발생하거나 심하면 골절, 탈구, 인대 손상을 입는 경우도 있습니다.

의심이 가면 바로 확인하세요

주인 눈앞에서 이런 사고를 당했다면 금방 알아챌 수 있습니다. 하지만 보이지 않는 곳에서 갑자기 '깽!' 하는 소리를 들었다면 빨리 강아지에게 다가가 다리 4개로 제대로 설 수 있는지, 짚지 못하는 다리가 있는지 확인합시다. 만에 하나 심하게 다쳤다면 성급히 강아지를 안아 올리거나 바로 만지지 않는 것이 좋습니다.

이런 점을 유심히 살피세요

강아지의 부상을 발견하면 몸 전체를 조심스럽게 쓰다듬듯이 만져 봅니다. 흥분한 강아지가 어느 정도 진정이 되면 다리를 마사지하듯 만져 보고 관절을 굽히거나 당기며 조심스럽게 살펴보세요. 심한 통증을 호소한다면 골절이나 탈구가 되었거나 인대를 다쳤을 가능성이 있습니다. 그 정도의 통증이 아닐 때는 걸음걸이나 발을 바닥에 잘 짚는지 등을 확인합니다.

이렇게 다치면 사고 직후 전혀 다리를 짚지 못하거나 발끝으로 종종걸음을 놓습니다. 그리고 다친 듯한 다리를 살짝만 건드려도 굉장히 아파합니다.

어떻게 하면 나을까요?

염좌는 충분히 안정을 취하면 2~3일 안에 통증이 가실 때도 있지만, 정도에 따라 한동안 잘 걷지 못하는 등 차이를 보입니다.

또한, 한쪽 다리를 다쳐서 그 다리를 들고 걷거나 달리면, 다른 3개의 다리로 그 부담이 가중되어 추가로 염좌가 발생할 수도 있습니다.

골절이나 탈구는 자연히 낫지 않으므로 반드시 병원 치료를 받아야 합니다. 아파하는 부위에 작은 판자나 막대기를 대고 붕대나 수건으로 고정하거나 두께가 있는 종이로 감싸 병원에 데리고 가세요.

인대 손상은 통증 자체는 빠르면 3~4일 안에 없어지지만 방치하면 주위 조직이 손상됩니다. 또, 치료하지 않고 만성화되면 다친 다리의 다른 부위에 부담을 주어 관절염 등을 일으킵니다.

의사 선생님의 조언

갑자기 달리거나 점프를 하는 것은 사고의 원인이 됩니다. 특히 4살이 넘은 소형견이나 5살을 넘지 않은 활발한 대형견은 전십자인대의 파열이 일어나기 쉬우므로 더욱 주의해야 합니다. 또, 비만이거나 관절염을 앓은 적이 있는 강아지도 인대에 부담이 많이 가기 때문에 주의해야 합니다.

배가 불룩해졌어요

살이 찐 것도 아닌데 배 부근이 불룩해지고 호흡도 빨라졌다면 배에 복수가 찼을 가능성이 높습니다.

 ## 원인이 뭐예요?

● 복수 ● 변비 ● 비만 ● 임신 ● 기생충증 ● 자궁축농증
● 위염전 ● 방광팽만 ● 복부종양 등

 ## 증상을 어떻게 알죠?

이상하게 배가 점점 불러온다면 배 안에 복수가 찼을 가능성이 있습니다. 복수는 심장질환, 간질환, 신장질환, 심장사상충증 등으로 생깁니다. 복수가 가득 차면 가슴 쪽까지 압박하게 되어 호흡이 빠르고 거칠어집니다.

의심이 가면 바로 확인하세요

먹이의 양은 변함이 없는데 배가 불룩해지거나, 뼈가 드러나며 말라간다면 복수가 찼을 가능성이 높습니다.

호흡이 빠르고 거칠어지는 것도 복수가 찼을 때 보이는 증상입니다.

변비나 비만으로 배가 불룩해질 때도 있지만 평소 먹는 밥의 양, 변의 양, 운동량을 점검하면 그 차이를 알 수 있을 것입니다.

이런 점을 유심히 살피세요

이 증상도 평소에 매일 먹는 식사, 변 등을 점검해 두면 알 수 있습니다. 상황에 따라서는 응급한 상황일 수도 있으므로 약간의 변화도 놓치지 말고 꺼림칙한 부분이 있다면 수의사에게 문의하세요. 복수로 배가 불러 오면 위를 압박하여 밥을 먹지 못할 때도 있습니다. 먹이의 양이 충분하지 않은 경우 식사량이나 식욕의 변화를 감지하기 어려울 수도 있으므로 더욱 유의해야 합니다.

 # 어떻게 하면 나을까요?

복수가 차서 호흡을 심하게 방해하거나 호흡곤란을 일으키면 빨리 복수를 빼내야 합니다. 매우 위급한 상황에서는 수의사가 바늘로 찔러서 복수를 빼내기도 합니다.

이후 복수가 다시 차지 않게 하려면 복수가 찬 원인을 밝히고 그에 맞는 적절한 치료 방법을 정해야 합니다. 즉, 심장이나 간 등 원인이 되는 병을 치료하면서 동시에 복수를 줄이는 치료도 진행해야 하는 것입니다.

또한, 복수를 제거할 때 몸에 필요한 단백질이나 포도당 등도 함께 배출되므로 소화가 잘되는 단백질이나 탄수화물이 포함된 먹이를 충분히 주는 것도 회복에 도움이 됩니다. 이때 병에 따라 주면 안 되는 음식도 있으므로 수의사와 상담하세요.

복수는 초기에 특별한 외견상의 변화가 없어서 발견이 어려우므로 평소 작은 변화에도 주의를 기울여야 합니다.

의사 선생님의 조언

갑자기 배가 불러 오고 호흡하기 어려워하면 즉시 병원에 데려가야 합니다. 방치했다가는 큰일 날 수도 있습니다.

한편 실외에서 키우는 암컷은 임신을 했을 가능성도 있습니다. 이 밖에도 자궁에 고름이나 점액이 차서 배가 부르는 경우도 있으니 조심하세요.

한줄정보

만약 강아지가 임신을 했다면 어떻게 할지 빨리 생각하세요

몸을 가려워해요

피부병이 의심됩니다

가려움을 일으키는 원인은 외부기생충에서 알레르기까지 여러 가지 종류가 있습니다. 가려움을 동반하지 않는 것도 있으므로 주의하세요.

원인이 뭐예요?

- 외부기생충 ●벼룩 ●진드기 ●모낭충 ●이 ●농피증
- 진균증(곰팡이증) ●알레르기성 피부염 등

증상을 어떻게 알죠?

강아지는 한 번 가려움을 느끼면 털이 빠지고 피가 나올 때까지 계속 긁습니다. 발이 닿지 않는 엉덩이나 회음부는 입으로 물어서 가려움을 조금이라도 없애려고 하다 보니 결국 털까지 빠지게 됩니

의심이 가면 바로 확인하세요

가려워한다면 먼저 가려워하는 부위의 털이나 피부를 자세히 살펴봅시다. 증상에 따라 원인이 다르며 치료 방법도 달라집니다.

또한, 강아지의 체질에 따라서도 달라집니다. 강아지에게 알레르기가 있는지, 다른 병이 있는지 등을 평소에 점검해 둘 필요가 있습니다.

곰팡이 종류인 진균성 피부염은 병원에서 치료하지 않으면 낫지 않습니다.

이런 점을 유심히 살피세요

가려워하는 부위의 피부가 붉거나 털이 빠지고 진물이 나온다면 피부염입니다. 벼룩, 진드기, 이 등 외부기생충은 눈에 잘 보이지 않습니다. 벼룩은 움직임이 빠르며 특히 성충의 벼룩은 정말 많이 기생하고 있지 않으면 발견하기 어렵습니다. 하지만 털의 뿌리에 거뭇거뭇한 얼룩 같은 벼룩의 배설물이 보이거나 털을 빗길 때 번데기나 알이 똑똑 떨어지는 것을 볼 수 있습니다.

다. 이러한 가려움이 있으면 비듬이 눈에 띄거나 전신의 피부가 붉어지고 습진이나 딱지가 생기는 경우도 있습니다.

 ## 어떻게 하면 나을까요?

먼저 가려움의 원인을 제거해야 합니다.

벼룩이나 참진드기는 목걸이 타입과 등에 액상 구제약을 떨어뜨리는 스포이트 타입, 스프레이 타입, 파우더 타입 등 종류도 가지가지입니다. 강아지의 상태나 환경에 맞춰 적절한 것을 선택하세요. 이 밖에 외부기생충도 주사나 내복약, 약욕(목욕탕에 넣고 약물로 소독하는 것)으로도 구충할 수 있습니다. 가려움이 심할 때는 가려움을 완화하는 약을 병용합니다.

습진이나 탈모를 수반하는 피부염 중에는 세균감염에 의한 화농을 일으키는 것도 있습니다.

농피증이라고 불리는 피부염은 항생제 등의 치료가 필요합니다. 게다가 이 피부염은 완치까지 길게는 2~3개월이 걸린다고 합니다. 치료 기간이 길다고 도중에 포기하거나 주인의 판단으로 투약을 중지하면 재발하거나 악화될 수도 있습니다. 따라서 완치될 때까지 끈기 있게 치료를 지속하는 것이 중요합니다.

의사 선생님의 조언

벼룩 알레르기가 있는 강아지는 단 한 번이라도 벼룩이 피를 빨면 전신에 발적이 나타나거나 심하게 가려워합니다. 이러한 강아지는 벼룩 예방이 매우 중요합니다. 만약 몸에 벼룩이 있는 것을 발견해도 절대 벼룩을 눌러 죽여서는 안됩니다. 벼룩의 알을 몸에 흩뿌리는 일이기 때문입니다.

털에 윤기가 없어요 · 털이 빠져요

가려운 증상이 없어도 반들반들 빛나던 털의 윤기가 사라지고 결이 반대로 서거나 눈에 띄게 털이 빠지는 것도 피부병의 신호입니다.

원인이 뭐예요?

● 호르몬 분비 이상 ● 면역 이상 ● 기생충증 ● 만성질환
● 영양부족 등

증상을 어떻게 알죠?

털에 윤기가 없어지고 눈 깜짝할 사이에 털이 빠지거나, 가끔 털이 빠진 곳이 검게 변하고 딱지가 생기는 피부염도 있습니다.

면역 이상에 의한 피부염은 얼굴이나 귀의 털이 빠지며 피부가 붉어지고 딱지가 생깁니다.

의심이 가면 바로 확인하세요

평소에 신경 써서 빗질을 해 주면 비듬이나 탈모 증상을 알아챌 수 있습니다. 가려움은 별로 없으므로 그 외의 증상에 주의를 기울여야 합니다.

이런 점을 유심히 살피세요

갑상선기능저하증이라는 병은 피부의 증상 외에도 기운이 없어지고 종일 잠만 자거나 약간의 활동에도 금방 지치는 특징이 있습니다.

쿠싱증후군(부신피질기능항진증)도 종일 잠만 자며 매우 많은 물을 마시고 소변도 많아지는 증상이 나타납니다.

면역 이상으로 나타나는 피부염은 눈 주위나 코 주위, 귀에 탈모를 일으키며 딱지가 생깁니다.

호르몬 분비 이상으로 털이 빠질 때에는 몸의 좌우대칭으로 탈모가 진행되며, 다리나 머리 이외의 곳에서 털이 빠지고 피부가 거무튀튀해지는 것이 특징입니다.

어떻게 하면 나을까요?

피부염은 병원에서 진찰을 받지 않으면 식별하기 어렵습니다. 평소 모습을 잘 관찰하고 피부병이 시작된 시기, 어떤 식으로 털이 빠지는지, 가려워하는지 등을 수의사에게 자세히 전달해야 합니다. 피부염은 이러한 정보가 진단에 도움이 되는 경우가 많습니다.

호르몬 분비 이상이나 면역 이상으로 인한 피부염은 평생 치료를 해야 되는 경우가 많으며 종종 부작용이 일어나기도 하므로 주인은 수의사와 자주 연락을 취하며 치료에 임해야 합니다.

의사 선생님의 조언

기생충이 있거나, 영양 상태가 좋지 못하거나, 만성질환을 앓고 있는 강아지는 가려움은 없어도 털의 윤기가 나빠지거나 탈모가 심해질 수 있습니다. 또, 주인이 강아지의 털 관리에 지나치게 신경을 써서 일주일에도 몇 번씩 목욕을 시켜서 털이나 피부가 건조해지는 바람에 비듬이나 탈모가 생긴 경우도 있습니다.

몸에 응어리가 생겼어요

종양이나 암일 가능성도 있습니다

나이가 들면 강아지도 피부에 사마귀 같은 것이 생기거나 일부분이 심하게 부어오르기도 합니다. 젊은 나이에 나타나기도 합니다.

원인이 뭐예요?

● 유선종양 ● 피부종양 ● 림프종 ● 골육종 등

증상을 어떻게 알죠?

강아지에게 자주 보이는 응어리 중 하나로 유선종양이 있습니다. 중고령의 암컷에게 자주 나타나며 만져 보면 한 곳이 아닌, 여러 유선에 오돌토돌한 응어리가 생겨 있습니다.

피부에도 종양이 흔히 발생합니다. 입 안, 몸, 다리 등 다양한 장소

의심이 가면 바로 확인하세요

매일 빗질을 해 주고 반려견과 충분한 시간을 보낸다면 조기에 발견할 수 있습니다.

유선종양을 점검하는 방법은 배를 위로 하고 눕혀서 유선을 살펴보면 됩니다. 한 개라도 발견했다면 그 주위도 자세히 살펴보세요. 강아지는 응어리가 생겨 피부가 부어오르면 신경이 쓰여서 핥기도 합니다. 림프종은 턱 아래, 겨드랑이와 허벅지 안쪽, 무릎 뒤쪽의 림프절을 꼼꼼히 살펴보면 됩니다.

이런 점을 유심히 살피세요

강아지를 쓰다듬으며 몸 전체를 꼼꼼히 점검하기만 해도 생각지도 못한 병을 조기에 발견할 수도 있습니다. 걸음걸이가 조금이라도 이상하면 4개의 다리를 위에서부터 아래까지 누르며 만져 보고 좌우의 크기를 비교하거나 통증이 있는지를 관찰하여 이상을 발견할 수 있습니다. 평소 하는 점검으로 병을 조기에 발견할 수 있으므로 가능한 한 자주 반려견의 몸을 만져 주는 것이 좋습니다.

에 생기며 크기나 형태도 종양의 종류에 따라 다릅니다.

림프종은 몸 여러 곳에 있는 림프종이 부어오르는 종양으로, 대부분은 좌우의 림프절이 균등하게 부어오릅니다.

골육종은 대형견에게서 많이 보이는 골종양입니다. 다리가 붓고 아파하며 다리를 질질 끌거나 걸음걸이가 이상해집니다.

어떻게 하면 나을까요?

종양과 암 역시 조기 발견, 조기 치료가 중요합니다.

유선종양은 응어리가 있는 유선을 포함하여 넓은 범위를 수술로 절제해야 하는 경우도 있습니다. 악성인 경우 수술 시기를 놓쳤거나, 폐나 그 외의 장기에 전이되었다면 목숨을 잃을 수도 있습니다.

피부종양도 양성, 악성 등 여러 가지 종류가 있습니다. 작은 사마귀 모양의 유두종 등은 양성 종양이지만, 비만세포종, 편평상피암은 악성으로 다른 장기에 전이됩니다. 이것들은 육안으로 구별할 수 없으므로 조직을 떼어 내서 병리검사를 통해 진단합니다.

림프종은 치료하지 않으면 몇 개월 안에 사망하는 무서운 병입니다. 치료 효과는 좋은 편이며 한동안은 재발이나 악화되는 것을 막을 수 있습니다.

의사 선생님의 조언

다양한 전염병과 감염증을 예방할 수 있게 되었지만, 종양이나 암은 아직도 반려견의 생명을 위협하고 있습니다. 종양이나 암이 발견되었다고 낙담하기보다 앞으로 반려견의 생활이 조금이라도 편해질 수 있도록 반려견과 가족이 하나가 되어 치료해 나가는 것이 중요합니다.

혼자 집을 못 봐요

정신적인 스트레스가 원인입니다

가족이 다 함께 외출하고 강아지가 혼자 집에 남게 되면 평소에는 하지 않던 문제 행동을 일으키기는 경우가 있습니다. 정신적인 병의 하나입니다.

원인이 뭐예요?

● 분리불안증

증상을 어떻게 알죠?

주인이 외출하면 강아지가 극도의 불안과 스트레스를 느껴 계속 짖어 대고 물건을 망가뜨리거나 평소엔 문제없던 대소변 실수 등 이상 행동을 보입니다. 이것은 강아지의 정신적인 병 중 하나입니다.

의심이 가면 바로 확인하세요

주인이 외출한 뒤 돌아올 때까지 계속해서 문제 행동을 일으키는 경우도 있습니다. 집에 혼자 있을 때마다 문제 행동을 보인다면 이 병을 의심해 보세요.

때로는 집에 주인이 있는데도 불구하고 강아지가 주인의 관심을 끌기 위해서 이러한 행동을 하기도 합니다. 주인이 집을 비웠을 때만 일어나는 행동인지 아닌지를 가려내야 합니다.

이런 점을 유심히 살피세요

새끼 강아지나 집에 혼자 있는 것을 싫어하는 강아지를 집에 혼자 두면 꼭 소변이나 변을 본래 보던 곳이 아닌 다른 곳에 본다는 상담을 자주 합니다. 이는 강아지가 외로워서 주인의 관심을 끌고 싶은 마음에 일부러 하는 것입니다.

처음에는 5분이라도 강아지를 혼자 두는 훈련을 시키고 조금씩 그 시간을 늘려 나가며 혼자 있는 것에 적응시킵니다.

# 어떻게 하면 나을까요?

분리불안증은 주인이나 가족의 과잉 애정이 원인으로, 강아지가 주인과 잠시라도 떨어지고 싶지 않아서 문제 행동을 일으키는 것입니다. 강아지와 주인은 애정과 신뢰를 바탕으로 제대로 된 유대 관계를 만들어 가야 합니다. 분리불안증 치료에는 행동요법과 약물요법이 있습니다.

행동요법은 ①가정 내에서 강아지와 주인과의 관계를 명확하게 한다, ②외출할 때의 주인의 동작에 익숙하게 한다, ③ 강아지의 흥분을 다른 것으로 향하게 한다, ④주인이 집에 돌아온 뒤 곧장 강아지와 접촉하는 것을 삼가고 잠깐 강아지를 진정시킨 뒤 주인의 의사로 강아지와 놀아 준다 등이 있습니다. 이를 1~2개월 정도 지속하면 증상이 가벼워지기도 합니다.

약물요법은 행동요법을 효과적으로 하기 위한 보조 수단입니다. 분리불안증을 약물요법만으로 치료할 수는 없습니다.

때때로 집에 혼자 있는 연습을 시키는 것도 중요합니다. 예를 들어 강아지를 혼자 방에 두고 시끄럽게 짖어 대더라도 내버려 둡니다. 이러한 훈련을 반복하여 점차 익숙해지게 합니다.

의사 선생님의 조언

주인과 강아지가 신뢰를 바탕으로 제대로 된 유대 관계를 만들면 막을 수 있는 병입니다. 어릴 때 강아지가 문제 행동을 일으켜도 혼내서는 안 됩니다. 혼을 내면 강아지는 오히려 주인의 관심을 끌었다고 착각을 합니다. 새끼 강아지를 기를 때에는 훈련의 하나로써 혼자 있는 훈련을 반드시 시키도록 합니다.

한줄정보

강아지가 어릴 때 가족에게 지나친 애정을 받으면 정신적으로 성장하지 못할 수도 있어요

엉덩이를 문지르며 질질 끌어요

엉덩이가 보내는 신호입니다

엉덩이를 핥거나 깨물고 꼬리를 쫓으며 빙글빙글 도는 동작을 하거나, 바닥에 엉덩이를 문지르며 질질 끄는 행동을 보이는 것은 엉덩이에 이상이 있다는 증거입니다.

원인이 뭐예요?

● 항문주위선종　● 항문낭염 등

증상을 어떻게 알죠?

항문 주위에는 항문낭 이외에도 여러 가지 분비선이 있습니다. 거기에 염증이 생기면 가려움과 통증으로 강아지가 여러 행동을 보이고 때로는 피가 나기도 합니다. 항문주위선종은 항문 주위에 큰 응어리가 생기고 그것이 터지면 피가 나거나 고약한 냄새가 나는 분비물이 나옵니다.

의심이 가면 바로 확인하세요

항문 주변을 핥거나 깨무는 것을 시작으로 꼬리를 쫓듯이 빙글빙글 도는 동작을 보입니다. 또, 바닥에 엉덩이를 문지르며 끌기도 하고 통증이 심해지면 변을 볼 때 아파하고 피가 나기도 합니다.

이러한 행동을 보인다면 꼬리를 들어 올려 엉덩이 부위를 잘 살펴보세요. 엉덩이에서 고약한 냄새가 난다면 항문선에서 분비액이 나오고 있을 것입니다.

이런 점을 유심히 살피세요

우연히 엉덩이를 보니 매우 지저분해서 설사를 하는 줄 알고 병원에 데려오는 경우도 있습니다. 이것은 설사가 아닌 항문낭에 염증이 있거나 항문주위선종이 찢어져서 그곳에 잡균이 들어가 곪은 것입니다. 엉덩이 부근이 지저분하다면 주의 깊게 관찰하고 적절한 처치를 해 주어야 합니다.

 ## 어떻게 하면 나을까요?

항문선은 변이나 소변이 나오는 곳 부근에 있어서 강아지가 바닥에 앉으면 직접 지면에 닿아 오염되기 쉬운 기관입니다. 그러므로 항상 깨끗하게 유지하는 것이 중요합니다. 항문낭에 생긴 병은 한 번 진행되면 낫기 어려워집니다. 분비물이 빨리 차는 강아지는 한 달에 한 번 정도는 짜내야 합니다. 항문낭염은 염증이 가벼운 경우 항문선에 찬 분비액을 압박해서 전부 빼내고 약으로 치료할 수 있습니다. 하지만 더 진행되어 고름이 항문낭의 피부를 뚫고 나와 구멍이 생겼다면 수술을 해야 합니다.

한편, 항문주위선종은 중성화수술을 하지 않은 수컷에게 자주 보입니다.

의사 선생님의 조언

항문낭염과 항문주위선종은 피부가 터져서 피와 고름이 나오기 전에 발견하는 것이 중요합니다. 강아지가 어리면 분비물이 더 잘 차니 종종 짜 주어야 합니다. 항문낭을 짜는 것을 싫어하는 강아지도 있습니다. 강아지가 어릴 때부터 정기적으로 항문낭을 짜 주어 이 처치에 적응을 시킵시다.

 원인이 뭐예요?

- 당뇨병 ● 자궁축농증 ● 신부전
- 쿠싱증후군(부신피질기능항진증) ● 신장질환 등

 증상을 어떻게 알죠?

강아지가 평소보다 물을 많이 마시거나 소변이 늘고 토를 한다면 몸에 호르몬 이상이 있거나 신장에 문제가 있을 가능성이 높습니다.

쿠싱증후군이나 당뇨병은 식욕의 변화가 없지만, 신장질환이나 자궁축농증은 식욕이 크게 떨어집니다.

쿠싱증후군은 털이 빠지는 것도 특징입니다.

의심이 가면 바로 확인하세요

강아지가 건강해도 더운 여름 체온조절이 힘들거나 자극적인 먹이를 먹은 뒤에는 평소보다 물을 많이 마실 수도 있습니다. 또 감염증이나 염증이 있는 병 때문에 열이 날 때도 물을 많이 마십니다.

열이 없는데 너무 많은 물을 마신다면 심장이나 신장의 병이 의심되니 이런 점을 유심히 살피세요.

- - - - - - - -

이런 점을 유심히 살피세요

중성화수술을 하지 않은 암컷이 물을 마시는 양이 많이 늘었다면 여름이라 하더라도 주의해야 합니다. 이와 함께 식욕이 떨어지고 소변의 양이 늘었다면 자궁축농증(186쪽 참조)일 가능성이 높습니다. 이 병은 외음부에서 고름이나 분비물이 나오는 경우가 많으므로 주의 깊게 살펴보세요.

물을 너무 많이 마셔요

컨디션 난조의 신호입니다

열도 없고 밥도 잘 먹는데 지나치게 많은 물을 마시는 것은 당뇨병이나 쿠싱증후군(부신피질기능항진증)이 예상되며, 밥을 먹지 않는다면 자궁축농증, 신부전이 예상됩니다.

 ## 어떻게 하면 나을까요?

쿠싱증후군이나 당뇨병은 호르몬 이상이 원인입니다. 병원에 가서 검진을 받은 후 약을 먹이고 생활을 개선해야만 합니다.

자궁축농증은 약으로 일시적인 증상 완화는 가능하지만 재발할 우려가 높습니다. 최선의 치료는 수술로 자궁과 난소를 적출하는 것입니다.

신장질환도 원인을 찾아낸 뒤 오랜 시간에 걸쳐서 치료를 지속해야 합니다. 병이 깊어지면 심각한 상황으로 발전할 수도 있으므로 물을 너무 많이 마시면 병원에 데리고 가서 진찰을 받아 보세요.

의사 선생님의 조언

호르몬성 질병이나 신장질환은 발병하기 전에 알아채기가 어렵습니다.

자궁에 생기는 병은 중성화수술로 예방할 수 있습니다. 반려견의 출산을 원하지 않는다면 암컷은 생후 6~7개월이 되었을 때 중성화수술을 하여 자궁이나 난소질환을 예방합시다.

풀을 먹어요

비타민이 부족해서 먹는 것일 수도 있습니다

강아지가 산책하다가 풀을 씹거나 뜯어 먹는 경우가 있습니다. 이것은 강아지의 정상적인 행동 중 하나이므로 이후 식욕이나 배변에 이상이 없다면 걱정하지 않아도 됩니다.

원인이 뭐예요?

● 위장염 ● 모구증 ● 비타민부족 등

증상을 어떻게 알죠?

벗과의 풀처럼 가늘고 긴 풀을 씹거나 먹을 때가 있습니다. 그리고 때로는 먹은 풀을 토해 내기도 합니다. 이러한 행동은 풀에 포함된 엽산을 섭취하기 위해서라는 설, 그리고 위장염이나 소화불량을 일으켰을 때 음식을 토해 내거나, 위장 활동을 돕기 위해서라는 설이 있습니다.

의심이 가면 바로 확인하세요

풀을 씹거나 먹는 것은 종종 보이는 행동입니다. 하지만 거의 매일 이러한 행동을 하거나 풀을 토하는 등 뭔가 수상하고 불편해 보인다면 다른 질병도 예상할 수 있습니다. 너무 심하다면 동물병원에 데리고 가서 검사를 받으세요. 풀을 자주 먹을 때는 위가 불편하거나 소화나 호흡이 잘 안 되는 경우가 많습니다. 강아지의 먹이를 재점검하여 문제가 없는지 확인하세요.

이런 점을 유심히 살피세요

기본적으로 강아지는 벗과 같은 끝이 뾰족하며 가늘고 긴 풀을 골라서 먹습니다. 그것은 뾰족한 풀이 위를 콕콕 찔러 자극을 주기 때문이라는 설이 있습니다. 뾰족하지 않은 풀을 좋아하는 강아지도 있지만 드물다고 합니다. 강아지가 풀을 좋아한다면 채소를 좋아하는 것일 수도 있습니다. 먹이에 채소를 섞어서 줘 봅시다.

어떻게 하면 나을까요?

강아지가 풀을 먹는 명확한 원인은 알 수 없습니다. 그러나 풀을 먹고 토를 하는 일이 너무 잦으면 치료가 필요합니다.

기름기가 많은 먹이를 지속해서 섭취하거나 먹이의 양이 많을 때, 위장 활동이 나빠져서 소화나 호흡이 잘 안 되어도 토할 때가 있습니다. 이럴 때는 위장 활동을 도와주는 약을 먹이고 먹이도 기름기가 적은 것으로 바꾸어 주는 것이 좋습니다.

또 피부에 가려움증이나 탈모 현상이 나타나거나, 털갈이 하는 계절에는 위에 털뭉치가 쌓여서 병을 일으키기도 합니다. 이럴 때는 먹이에 식이섬유(채소 등)를 풍부하게 넣어 주도록 합니다.

의사 선생님의 조언

강아지가 풀을 먹을 때 제초제나 살충제가 묻어 있는 것을 먹을 수도 있으므로 주의해야 합니다. 또한 재배 중인 농작물이나 이웃집 정원을 망가뜨릴 수도 있으니 조심해야 합니다.

수의사와 상담하여 먹여도 되는 풀을 직접 재배하여 먹이는 것을 추천합니다.

식후에 갑자기 괴로워해요

위염전은 먹이를 먹은 뒤 갑자기 배가 부풀고 괴로워하며 그대로 두면 몇 시간 내에 사망하는 병입니다. 즉시 치료가 필요한 긴급 상황입니다.

원인이 뭐예요?

● 위염전 ● 위염전증후군 등

증상을 어떻게 알죠?

대형견에게 많이 일어나는 병입니다. 먹이를 먹은 뒤 몇 시간 내에 복부가 부풀어 오릅니다. 구역질을 해도 토를 하지 못하며 호흡이 점점 거칠어지고 침을 흘리며 괴로워합니다. 내버려 두면 혀가 보라색이 되고 눈의 점막이 새하얘져 이른바 쇼크 상태에 빠져서 쓰러집니다. 그대로 생명을 잃을 수도 있으니 매우 주의해야 합니다.

의심이 가면 바로 확인하세요

강아지가 먹이를 먹은 뒤 등을 구부리고 구역질을 하며 토를 하려고 해도 토하지 못하고 괴로워한다면 매우 위급한 상황입니다. 즉시 병원에 데려가세요. 병원에 가는 도중에 쓰러질 수도 있으므로 자동차에 태우거나 안아서 병원에 데려갑니다. 병원에 도착하면 증상이 나타나기까지의 과정을 수의사에게 자세히 전달하세요.

이런 점을 유심히 살피세요

대형견에게 많은 이유는 겉모습에서 알 수 있듯이 가슴이 크고 깊기 때문입니다. 위는 배에 있는 기관이지만 가슴의 바로 옆에 있습니다. 그래서 위의 허용 범위를 훨씬 넘는 먹이가 들어오거나 식후에 갑자기 운동을 하면 위가 배 안에서 돌아가 꼬일 때가 있습니다.

소형견에게는 드문 병이지만 소형견 중에도 가슴이 깊은 강아지는 이 병에 걸릴 위험이 있습니다.

어떻게 하면 나을까요?

응급 사태입니다. 대형견이 먹이를 먹은 뒤 갑자기 괴로워하면 최대한 빨리 병원에 데려가야 합니다. 만약 집에 있는 구급상자에 휴대용 산소가 있다면 강아지를 운반할 때 산소를 들이마시게 하면 좋습니다. 위염전이 확인되면 긴급 수술을 해야 할 때도 있습니다.

비장이 말려 들어가는 경우도 있으며 이 역시 주인이 얼마나 빨리 발견해서 병원에 데려가는가가 최대 관건입니다. 위 확장이나 위염전은 자택에서 할 수 있는 응급처치가 한정되어 있습니다. 반려견의 상태를 잘 살피고 이상하면 일단 병원으로 데려가세요.

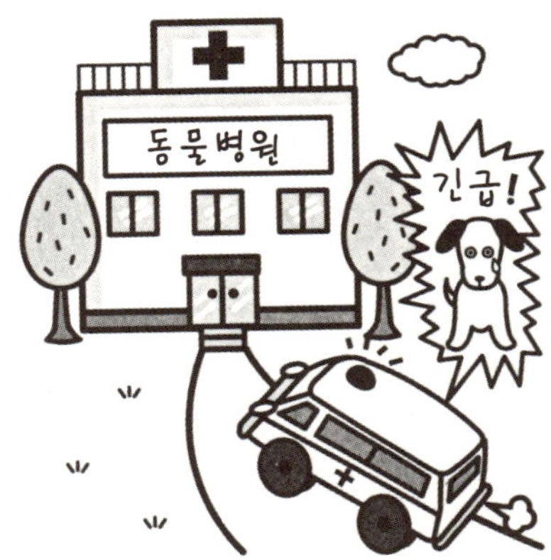

의사 선생님의 조언

스포츠 선수가 자주 사용하는 휴대용 산소를 가정에 구비해 두면 이럴 때 큰 도움이 됩니다. 호흡이 이상하고 혀가 보라색이 되었다면 즉시 산소를 들이마시게 하는 것이 좋습니다. 또 대형견은 씹지 않고 먹이를 그대로 삼킬 때가 있습니다. 이러한 행동도 주의해야 합니다.

딸꾹질을 해요

기생충이 있을 수도 있습니다

강아지도 인간과 같이 딸꾹질을 합니다. 새끼 강아지에게 주로 보이며 금세 진정되기도 합니다. 딸꾹질은 주로 장에 기생충이 있을 때 발생합니다.

원인이 뭐예요?

● 장에 있는 기생충(개회충, 개편충 등) 등

증상을 어떻게 알죠?

딸꾹질은 횡격막의 경련으로 일어나는데 강아지가 어릴 때는 소화기관에 기생하는 기생충 때문인 경우가 많습니다. 이 딸꾹질은 대부분 몇 번으로 진정되며 길게 지속하지 않습니다.

의심이 가면 바로 확인하세요

새끼 강아지는 깨어 있을 때는 물론 자면서도 가끔 딸꾹질을 합니다. 그리고 본인의 딸꾹질에 놀라 깨서는 어리둥절하다가 금세 아무렇지도 않아집니다. 딸꾹질을 한다면 검변을 하여 배 속에 기생충이 있는지 확인하는 것이 좋습니다.

변이 말랑거리거나 식욕이 없는 등 위장의 소화흡수 기능이 안 좋을 때도 배 속에 기생충이 있는 경우가 많습니다.

이런 점을 유심히 살피세요

대형견은 위 안에 가스가 많이 발생하면 딸꾹질을 할 때가 있습니다.

대형견은 위가 크고 한 번에 많은 먹이를 씹지 않고 삼킵니다. 그러다 보니 먹이가 위 안에서 충분히 소화되지 못하고 발효가 돼서 가스가 발생하는 것입니다.

밥은 최소 1일 2회로 나눠서 주고 식후에는 충분히 휴식을 취하게 합시다.

기생충이 배 속에 있으면 기운이 없어지고 소화되지 않은 변을 봅니다. 내버려 두면 구역질이나 설사를 하게 되므로 빨리 치료를 시작하는 것이 좋습니다.

 어떻게 하면 나을까요?

딸꾹질이 수 분~수십 분이 지나도록 멈추지 않으면 강아지는 매우 지칩니다. 이럴 때는 엷은 설탕물이나 꿀물을 천천히 먹이세요.

또 딸꾹질이 멈추지 않으면 구역질을 하기도 합니다. 위나 장 속의 먹이가 소화가 안 되다 보니 이런 증상이 나타납니다. 토를 해서 속을 편하게 하고 딸꾹질로 가스를 밖으로 내보내고 싶은 것입니다.

정기적인 검변을 받고 배 속에 기생충이 있다면 구충을 합니다. 구충약은 밥때를 피해서 공복에 먹여야 합니다. 밥과 약을 함께 먹으면 밥과 약이 동시에 장을 통과하므로 장에 있는 기생충에 직접 닿는 효과가 떨어지며 토할 때도 있기 때문입니다.

구충을 해도 다른 강아지와 접촉해서 다시 기생충이 옮기도 하므로 꾸준히 신경 써야 합니다.

의사 선생님의 조언

처음 강아지를 키우면 새끼 강아지가 하는 딸꾹질이나 기침을 알아 차리기 어려울 수도 있습니다. 조금이라도 이상하다고 생각되면 병원에 연락하세요.
반려견의 행동을 자세히 관찰하면 조금씩 강아지에 대해 알게 될 것입니다.

똥·음식이 아닌 것을 먹었어요

자기 똥을 먹거나 음식물 이외의 것을 먹는 행동은 새끼와 성견 모두에게 나타납니다. 중독을 일으킬 수도 있으므로 각별히 주의합시다.

 ## 원인이 뭐예요?

●스트레스 ●기생충 ●소화기질환 등

 ## 증상을 어떻게 알죠?

변을 보고 나서 그것을 먹거나 다른 동물의 변을 먹는 경우가 있습니다. 음식물 이외의 것을 먹거나 마시는 것을 이식증이라고 합니다.

 **의심이 가면 바로 확인하세요**

평소 강아지가 먹는 먹이 양으로 배설물의 양도 예측할 수 있습니다. 똥이 물러지거나 딱딱해지지 않았는데 변을 보는 양이나 횟수가 변했다면 잘 살펴보세요. 강아지의 입냄새를 맡아서 똥 냄새가 나지 않는지 확인합시다.

이물을 먹는 행동은 주로 강아지가 혼자 있을 때 일어나므로 발견하기 어렵습니다. 강아지가 토를 하거나 식욕이 없는 증상을 보인다면 의심해 봅시다.

 **이런 점을 유심히 살피세요**

이식증은 강아지가 닿는 곳에 물건을 두지 않으면 막을 수 있습니다. 만약 이물을 먹었다면 남은 것이 없는지 확인하고 또 먹지 못하도록 치운 다음 의사에게 가져가세요. 한편, 배 속에 기생충이 있어도 이식증이 나타납니다. 정기적으로 검변하고 구충합시다.

이식증은 때때로 매우 위급한 상황을 불러옵니다. 특히 실내견은 사람과 함께 생활하므로 물건을 잘 관리해야 합니다.

강아지는 돌이나 잔가지, 플라스틱, 장난감, 단추, 수건 등 아무거나 먹어 버립니다. 또한 담배나 라이터, 사람이 먹는 약, 집에 있는 약품류 중 위험한 것을 먹을 수도 있으므로 주의해야 합니다.

어떻게 하면 나을까요?

반려견이 똥을 먹으면 대부분 '밥이 부족한가?' 하고 의심니다. 하지만 정말 부족해서 먹는 경우는 거의 없습니다.

어린 강아지는 주인의 관심을 끌고 싶어서 일부러 똥을 먹기도 합니다. 이때 어설프게 혼내거나 요란하게 떠들면 강아지는 오히려 관심을 끌었다고 착각하여 계속 먹습니다. 이러한 새끼의 행동은 정신적으로 성장하면서 대부분 자연히 사라집니다.

이물을 먹는 것도 역시 대부분 주인의 주의를 끌기 위한 행동입니다.

경우에 따라서는 놀거리가 필요한 것일 수도 있습니다. 특히 주인이 일상적으로 사용하고 있는 물건, 예를 들어 담배나 라이터 등에 강아지는 흥미를 느낍니다. 애견용 장난감이나 껌 등을 주고 그쪽으로 주의를 돌립시다.

무엇보다 반려견과 많은 시간을 함께 하면 이 행동은 없어질 수 있습니다.

의사 선생님의 조언

다른 강아지의 똥을 먹고 기생충이 옮을 수도 있습니다. 또한, 먹은 이물이 위장을 막거나 중독을 일으키기도 합니다.

무언가를 입에 물고 노는 것을 좋아하는 강아지는 이물을 먹을 가능성이 높으니 강아지가 삼킬 수 있는 크기나 모양의 물건은 미리 치워 두세요.

반려견의 상태가 이상해서 병원에 데리고 갈 때에는 말을 할 수 없는 반려견을 대신해서 그 증상이나 모습을 수의사에게 자세히 전달해야 합니다. 아래의 내용을 알아 두면 진료 시 큰 도움이 됩니다.

1 식욕이 없거나 기운이 없는 것은 다양한 병의 초기 증상입니다. 언제부터 그랬는지, 갑자기 그런 건지, 현재 어떤 상태인지 가능한 한 자세하게 설명합니다.

2 토를 하거나 설사를 했을 때는 가능하면 토사물이나 변을 직접 가지고 가세요. 토와 설사를 한 횟수와 언제부터 시작됐는지 등 알고 있는 내용을 설명하세요.

3 소변을 잘 보지 못하거나 색이나 냄새가 이상할 때는 소변을 작은 용기 등에 받아 가세요. 소변에 이상을 보인 것이 언제부터인지, 횟수는 평소와 비교해서 어떤지 등을 설명하세요.

4 눈, 귀, 이빨은 평소에 가정 내에서 꾸준히 관찰하는 것이 좋으며, 이상을 발견하면 언제부터 그랬는지, 과거에 치료한 적이 있는지, 사용 중인 약 등을 이야기하세요.

5 털이나 피부의 이상으로 병원에 갈 때는 목욕을 시킨 시기, 털이 빠지기 시작한 시기, 과거에 앓은 적이 있는 피부병, 계절에 따라 일어나는 피부염, 탈모 등을 설명하면 도움이 됩니다.

6 혼합백신이나 광견병 백신, 심장사상충 예방, 구충 등 예방을 하고 있다면 매년 몇 월에 하는지, 올해는 했는지 등을 이야기하세요.

7 과거의 수술력, 부상이나 질병을 일기처럼 기록해서 필요하면 언제라도 찾아볼 수 있게 해 두면 좋습니다.

8 과거에 약이나 백신, 음식 등에 알레르기나 쇼크를 일으킨 적이 있다면 반드시 이야기해야 합니다.

9 애견의 성격도 간단히 설명하세요. 예를 들어 주인 이외의 사람을 무서워한다거나 다른 강아지나 고양이를 싫어한다거나, 입원시키면 스트레스를 받는다거나 등 참고가 될 만한 사항은 모두 이야기합시다.

10 갑자기 심한 고통을 호소하거나, 사고나 부상 등으로 매우 긴급한 상태일 때는 미리 전화로 연락을 취하고, 병원에 도착해서도 바로 응급 상황임을 알리세요.

제 2 장

어떡해, 사고가 났어요!

교통사고가 났어요

리드줄과 목걸이는 반드시 착용합시다

반려견이 교통사고를 당하면 주인들은 이구동성으로 '이런 일이 있을 줄은 몰랐어요'라고 합니다. 방심은 금물입니다. 항상 조심하세요.

원인이 뭐예요?

●골절 ●외상 ●내장 좌상, 파열 등

무엇을 조심해야 하죠?

대부분 교통사고는 강아지를 풀어놓았을 때 일어납니다. 산책할 때는 반드시 리드줄을 착용시키고, 마당에서 기르는 경우에는 밖에 나가지 못하도록 목걸이로 묶어 둡시다.

다리가 부러지면 다리를 질질 끌거나 걷지 못합니다. 척추 골절은

의심이 가면 바로 확인하세요

살짝 긁힌 정도고 집까지 잘 걸어갔으니 괜찮겠지 했는데 밤이 되자 축 늘어지고 호흡이 거칠어지면서 괴로워하면 그제야 부랴부랴 병원에 가는 경우가 자주 있습니다. 당장 이상이 없더라도 2~3일은 호흡, 동작, 식사 상태 등을 꼼꼼히 점검해야 합니다.

또한, 강아지가 머리를 부딪치면 의식장애를 일으킬 위험도 있습니다. 사고가 나지 않도록 주의하는 것이 무엇보다 중요합니다.

이런 점을 유심히 살피세요

사고로 부상을 당하면 통증 때문에 주인이라도 안으면 물 수 있습니다. 겉옷이나 앞치마 등으로 입을 가려 물리지 않게 주의합니다. 입을 가릴 만한 것이 없을 때는 강아지의 목덜미를 단단히 잡고 안아서 물리지 않게 하세요.

신경 손상을 일으켜 뒷다리나 허리가 마비되어 대소변을 조절하지 못하게 될 수도 있습니다. 내출혈이 심하면 빈혈이나 쇼크 상태에 빠지기도 합니다. 부러진 뼈가 피부를 뚫고 나올 수도 있으며 관절이 탈구되면 다리를 질질 끌거나 든 채로 있습니다.

또한, 자동차에 부딪친 충격으로 횡격막이 찢어져서 장이 흉강으로 침입하여 횡격막 헤르니아가 일어날 수도 있습니다. 호흡을 어려워하지만, 외견상으로는 잘 드러나지 않아 사고 후 한동안 주인이 알아채지 못할 수도 있습니다.

 어떻게 하면 나을까요?

교통사고가 나면 외상보다 몸 안의 보이지 않는 장기의 손상이 더 심각한 문제가 될 수도 있습니다. 찰과상 등의 가벼운 외상만 보이더라도 반드시 동물병원에 가서 검사를 받으세요.

의사 선생님의 조언

교통사고가 나면 촌각을 다투는 매우 위급한 상황이 발생하기도 합니다. 최대한 빨리 병원에 데리고 가서 엑스레이 촬영과 혈액 검사 등을 해야 합니다. 또 강아지가 집을 나갔다가 며칠 후 돌아오는 경우에도 나가 있던 동안 강아지에게 무슨 일이 있었는지 알 수 없으니 조금이라도 이상한 모습이 보이면 유심히 살펴봐야 합니다.

높은 곳에서 떨어졌어요

최대한 빨리 병원에 갑시다

높은 곳에서 떨어지는 추락 사고는 한순간의 방심으로 일어나는 경우가 많습니다. 잘못 떨어져서 크게 다치면 생명과도 직결됩니다.

원인이 뭐예요?

● 높은 곳(2층 집, 아파트 베란다 등)에서의 추락 사고 등

무엇을 조심해야 하죠?

높은 곳에서 떨어지면 전신에 심한 충격이 가해지고 동시에 받는 정신적 충격도 상당히 큽니다.

일단 사고가 일어나면 타박, 외상, 골절, 내상 등 여러 가지 상황을 동시에 고려해야 합니다.

의심이 가면 바로 확인하세요

사고로부터 강아지를 지키는 것이 가장 중요합니다.

2층보다 높은 장소에 강아지가 있을 때는 특히 조심합시다. 베란다 틈새를 그물이나 판자 같은 것으로 막아 실수로라도 미끄러져 떨어지지 않도록 합니다.

또, 강아지를 안고 창문 근처에 서거나 강아지를 높은 곳(의자, 테이블)에 올려놓지 않으면 이러한 사고를 방지할 수 있습니다.

이런 점을 유심히 살피세요

추락 사고라 하면 고층 건물 등을 떠올리는 경우가 많지만 실제로는 그렇지 않습니다. 강아지를 안고 있거나 강아지가 의자에 올라갔을 때, 갑자기 날뛰거나 미끄러져서 떨어지는 일상생활 속의 사고도 조심해야 합니다.

낙상 사고를 당하면 순간은 괜찮아 보여도 시간이 지나 급변할 수도 있으니 응급처치를 하기보다 최대한 빨리 병원에 데려가는 것이 더 좋습니다.

또한, 사고 직후에는 멀쩡해 보여도 몸 안에 문제가 있어서 시간이 지나 급격히 상태가 악화될 수도 있습니다. 이것이 이 사고의 가장 큰 특징이자 유의점이므로 강아지의 상태에 각별히 주의를 기울입시다.

 ## 어떻게 하면 나을까요?

우선 가능한 한 몸을 움직이지 않도록 조심하면서 안전한 장소로 옮깁니다. 의식을 잃거나 일어나지 못한 채 도로에 쓰러져 있으면 2차로 교통사고가 날 위험도 있습니다. 옮긴 후에 상처나 출혈 등 겉으로 보이는 변화가 있는지 살펴봅니다. 강아지가 의식이 있더라도 무리해서 걸리거나 움직이게 하지 말고 그대로 안아 들어서 병원에 갑니다. 의식이 없거나 움직이지 못할 때, 출혈이 심할 때는 촌각을 다투는 응급 상황입니다. 즉시 병원에 데려갑시다.

의사 선생님의 조언

강아지가 사고 당시에는 아파하거나 괴로워하지 않을 때도 있습니다. 떨어진 충격으로 극도로 흥분하거나 긴장하면 그렇습니다. 겉으로 보기에는 아무렇지 않아 보이더라도 며칠 안에 강아지에게 이상 징후가 나타나면 사고가 원인일 수도 있으므로 병원에 데리고 가서 검사를 받아 봅시다.

전기 코드에 감전됐어요

호흡 상태를 살핍시다

우리는 전기 없이 아무것도 할 수 없을 정도로 전기에 의지하고 있습니다. 때문에 가정 내에도 전기 코드와 전선 등이 많은데 강아지가 이에 흥미를 느낄 수도 있습니다.

원인이 뭐예요?

●입 안의 화상
경련을 일으킨 경우: ●호흡곤란 ●폐부종 ●마비 등

무엇을 조심해야 하죠?

주로 장난을 좋아하고 무엇이든 깨무는 버릇이 있는 강아지에게 일어납니다. 찌릿하고 전기가 통했을 때 물고 있던 코드를 놓으면 대부분은 입 안에 화상을 입는 정도에 그칩니다. 하지만 놓지 않으면 경련을 일으키며 실신하고 폐에 손상이 가서 물이 차고 숨을 쉬기 어려워집니다.

의심이 가면 바로 확인하세요

전기 사고시 먼저 살펴볼 점은 호흡 상태입니다. 폐에 물이 차면 목숨이 위험해집니다. 화상 정도에 그친 듯이 보이더라도 호흡 상태에 주의를 기울여서 살피고 변화가 있다면 즉시 병원에 데리고 가세요.

이런 점을 유심히 살피세요

새끼 강아지는 바닥에 있는 물건은 무엇이든 깨물어도 된다고 생각합니다. 콘센트를 뽑아 두면 사고를 사전에 막을 수 있습니다. 하지만 모든 콘센트를 항상 빼놓을 수는 없으니 코드를 한데 모아서 되도록 강아지의 시선이 닿지 않도록 합시다.

집을 비울 때는 특히 조심하세요. 끈을 가지고 놀기 좋아하는 강아지는 전선에도 흥미를 보이므로 특히 조심해야 합니다.

 # 어떻게 하면 나을까요?

입 안에 가벼운 화상만 입었다면 구강 소독액을 바르고 병원에 데려갑니다. 실신하거나 경련이 일었다면 숨을 쉬고 있는지 심장이 뛰고 있는지를 확인합니다. 호흡이 정지했다면 강아지의 입을 잡고 코로 숨을 불어 넣습니다. 그리고 심장이 멎었다면 먼저 가슴의 심장 부분을 강하게 두드리고 양 손등을 겹쳐 규칙적으로 늑골 위에서부터 심장을 누릅니다. 호흡과 심장 모두 멈춰 있다면 심장을 4번 누르고 숨을 1번 불어 넣는 식으로 심폐소생술을 실시합니다. (심폐소생술 135p참고)

★ 심폐소생술 더 알아보기

강아지를 단단한 바닥에 눕히고(침대나 이불 같은 푹신한 바닥보다 단단한 바닥이 좋습니다.) 손등을 겹쳐 규칙적으로 가슴의 심장 부분(앞다리 뒤쪽)을 누릅니다. 소형견은 너무 세게 누르지 않도록 합니다.

인공호흡 방법은 강아지를 옆으로 눕히고 혀를 빼내어 구강으로 호흡할 수 있게 한 뒤 강아지 코로 천천히 숨을 불어 넣습니다. 가슴이 어느 정도 확장되면 입을 강아지 코에서 떼고 숨을 뱉게 합니다.

대형견은 상관없지만 사람의 폐용량이 소형견에 비해 월등히 크다는 것을 인식하고 조심해야 합니다. 만약 소형견이나 어린 강아지에게 한 번에 숨을 세게 불어 넣으면 강아지의 폐포에 압력이 너무 심하게 가해져 폐포가 터질 수도 있으므로 천천히 가슴이 확장될 때까지만 불어 넣어야 합니다.

위의 두 동작을 반복합니다. 절대로 호흡이 정상적인 강아지에게 연습하면 안 됩니다.

의사 선생님의 조언

화상이라고 생각했더라도 점점 호흡하기 어려워 한다면 잘 살펴봅시다. 사고 후 2~3일은 특히 호흡 상태에 주목하세요.

또한, 의식이 없을 때는 병원에 데리고 갑니다. 호흡이나 심장이 멎었을 때는 인공호흡과 심장마사지를 꼭 시행하세요.

독극물을 먹었어요

병원에서 적절한 치료를 받아야 합니다

강아지가 실수로 독극물을 먹을 수도 있습니다. 위급한 상황입니다. 상태를 지켜볼 것 없이 즉시 병원에 가서 적절한 치료를 받아야 합니다.

원인이 뭐예요?

● 제초제가 묻은 풀 ● 쥐나 해충 구제를 위한 약품이나 먹이
● 살충제, 방부제, 아이스팩, 담배 등 먹으면 안 되는 것을 섭취 등

무엇을 조심해야 하죠?

강아지는 원래 냄새나 모양이 이상하지 않으면 먹을 것이 아니라도 실수로 먹어 버리기도 합니다. 또 심심하거나 새끼일 때는 위험한 것에 대한 경계심이 낮아서 이러한 사고가 잘 발생합니다. 평소 우리가 별생각 없이 사용하는 약도 강아지에게는 위험하므로 주의해야 합니다.

의심이 가면 바로 확인하세요

담배나 아이스팩 등이 방에 방치되어 있으면 반려견이 그것을 가지고 놀다가 먹을 수도 있으니 치워 둡시다.

산책 중에 풀을 먹는 강아지도 종종 있는데, 경작지에 난 풀은 제초제가 뿌려져 있을 수도 있으므로 말라 죽은 풀이 있는 곳에서는 풀을 못 먹도록 제지해야 합니다.

평소 땅에 떨어진 것을 절대 주워 먹지 못하게 훈련하는 것이 좋습니다.

이런 점을 유심히 살피세요

독극물에 따라서는 살짝 핥기만 해도 강아지에게 중독을 일으키는 위험한 것도 있습니다. 괜찮아 보여도 시간이 지난 후 이상이 나타나는 경우도 있으므로 주의해야 합니다.

 ## 어떻게 하면 나을까요?

산책에서 돌아온 뒤 상태가 급변할 때가 있습니다. 이때 가장 가능성이 높은 것이 중독입니다. 어떤 것으로 인한 중독인지 알기 어려우니 산책 시에는 항상 주의해야 합니다.

중독되면 강아지의 몸 안에서 격렬한 증상이 일어나며 그 증상은 중독을 일으킨 원인에 따라 다양합니다. 주된 증상으로는 토나 설사, 호흡곤란, 침을 흘리거나 경련을 일으키는 등의 상태를 보입니다.

경우에 따라서는 멀쩡하다가 급변하기도 합니다. 무리해서 토해 내게 하지 말고 바로 병원에 데리고 갑시다.

의사 선생님의 조언

만약 먹다 남은 음식물이나 주위에 떨어진 것이 있으면 전부 병원에 가지고 가세요. 원인을 알면 빠르고 적절한 치료를 할 수 있습니다.

또 토하거나 설사를 했다면 그것도 병원에 가지고 가세요. 그중에 중독된 물질이 있어서 치료의 단서가 될 수도 있습니다.

한줄정보

우리 주변에는 강아지에게 위험한 것들이 많이 있다는 사실을 항상 잊지 마세요

뱀에 물렸어요 · 벌에 쏘였어요

강아지가 산책 중에 뱀이나 벌을 보면 흥미를 느끼고 만지려 할 수도 있습니다. 독을 가진 경우도 있으므로 특히 주의해야 합니다.

원인이 뭐예요?

- 뱀에 물리거나 벌에 쏘여서 일어나는 중독 증세 및 외상 등

무엇을 조심해야 하죠?

벌은 침에 독이 있어서 쏘이면 붓고 통증이 있으며 알레르기 반응을 일으키는 강아지도 있습니다. 또한, 꿀벌에게 쏘이면 침이 빠지지 않고 몸에 박힌 채로 곪기도 합니다.

의심이 가면 바로 확인하세요

쏘이거나 물린 부위는 붓고 열이 나는 경우가 많으므로 몸을 만져서 확인합니다. 또 부어오른 곳에 물린 상처나 구멍이 없는지, 작은 침이 박혀 있는지 살펴봅시다.

이 사고는 산책 중에 많이 일어납니다. 따라서 산책 중에 갑자기 강아지의 상태가 이상해졌다면 꼼꼼히 살펴봅시다.

이런 점을 유심히 살피세요

물리거나 쏘였다면 당황하지 말고 즉시 병원에 가세요. 빨리 치료하면 독뱀에 물려도 나을 가능성이 높고 회복도 빠릅니다.

뱀에 물리면 상처 부위에 세균이 들어갈 위험이 있습니다. 또한, 독뱀에 물리면 독 때문에 통증이나 붓기 외에도 발열, 구토, 설사, 경련, 상처 부위가 녹는 등 심각한 증상을 가져올 수도 있습니다. 즉시 치료해야 합니다.

 어떻게 하면 나을까요?

뱀에 물린 상처를 발견하면 손수건 등으로 상처 부위보다 위쪽(심장에 가까운 쪽)을 묶어 주세요. 상처 부위를 직접 만지거나 입으로 빨아 독을 빼내는 행위는 사람에게도 중독이나 감염을 일으킬 수 있으므로 절대 금물입니다.

한편, 물리거나 쏘인 뱀이나 벌의 특징을 기억해 두면 독의 종류를 알 수 있어서 빠르고 적합한 치료를 받을 수 있습니다.

의사 선생님의 조언

봄부터 여름 사이에는 뱀이나 벌과 관련된 사고가 잦으므로 풀숲이나 산에 데리고 갔을 때 강아지에게서 눈을 떼면 안 됩니다. 특히 새끼 강아지는 벌이나 뱀의 무서움을 몰라 사고 위험이 더욱 큽니다. 뱀은 위해를 가하지 않으면 먼저 공격하지 않으므로 접근하지 않는 것이 가장 좋습니다.

리드줄에 목이 매달렸어요

사고가 일어난 뒤 아무리 자책해 봤자 소용없습니다. 목이 매달리는 사고도 그중 하나일 수 있습니다.

원인이 뭐예요?

●척추 손상에 의한 통증 ●마비 ●호흡정지 등

무엇을 조심해야 하죠?

개집 지붕에 올라가서 자는 것을 좋아하던 강아지가 어느 날 개집 지붕에서 옆의 담을 뛰어넘는 바람에 자신의 리드줄에 목이 매달리는 사고가 났습니다.

이 같은 사고가 일어났다면 신속히 리드줄에서 풀어 상태를 확인

의심이 가면 바로 확인하세요

다시 한 번 강아지를 묶어 둔 곳의 안전을 점검하고 위험이 없는지 확인합시다. 집 안에서도 바깥에서 이상한 낌새가 느껴지면 바로 살펴보러 나갑시다.

경추(목뼈)의 손상 정도에 따라 통증이나 마비 등의 증상이 나타납니다. 사고 후 증상이 바로 나타나면 처치도 빨리 할 수 있지만, 서서히 나타나는 경우도 있으므로 계속 주시해야 합니다.

이런 점을 유심히 살피세요

사전에 방지할 수 없다고 생각하지만 개집을 놓는 위치가 문제인 경우가 대부분입니다. 집 안에서 잘 보이지 않는 곳에 개집을 두지 말고 어디서나 잘 보이는 곳에 두고 강아지가 뭘 하고 있는지 항상 지켜보세요.

한편, 자전거 앞 바구니에 강아지를 태울 때에도 갑자기 강아지가 뛰어내려 핸들에 묶어 둔 리드줄에 목이 매달릴 수 있으므로 주의합시다.

하고 아파하는 곳이 있는지 만져 봅시다. 특별히 아파하는 곳이나 눈에 띄는 이상이 없다면 괜찮습니다.

하지만 척추가 손상되면 정도에 따라 여러 가지 장애를 일으킬 수 있습니다. 통증을 비롯하여 앞·뒷다리가 마비되고 머지않아 일어서지 못하게 됩니다. 손상이 심하면 호흡이 멈출 수도 있습니다.

 어떻게 하면 나을까요?

우선 빨리 강아지를 내리고 평평한 판자 등에 올려서 조심스럽게 병원으로 데려가서 검사를 받으세요.

크게 다치지 않아 앞·뒷다리에 마비가 없거나, 마비 증상이 가벼워서 걸을 수 있는 상태라면 약 등으로 증상을 개선할 수 있습니다. 또한, 강아지를 내려 주고 바로 아무 일도 없었다는 듯 행동한다면 문제가 없는 경우도 있으므로 일단 상태를 지켜봅시다. 하지만 만지면 화를 내고 통증을 호소한다면 병원에 데려갑니다. 경우에 따라서는 큰 병원(2차 동물병원)을 소개받아야 합니다.

의사 선생님의 조언

증상이 심각할 때는 큰 병원에서 전문의의 진단을 받는 것을 추천합니다. 소견서를 받아서 2차 병원을 예약하세요. 일부는 응급실이 있으며 따로 예약 없이 진료를 받을 수 있습니다.

강아지를 옮길 때에는 강아지의 머리가 움직이지 않게 주의해야 합니다.

실수로 피부를 잘랐어요

칼날을 사용할 때는 조심해야 합니다

집에서 미용을 하는 경우 강아지가 날뛰거나 털이 엉키면 실수로 피부를 자를 수도 있으니 특히 조심합시다.

 ## 원인이 뭐예요?

- 피부가 잘리거나 자상과 같은 상처 등

 ## 무엇을 조심해야 하죠?

털을 자르다가 의도하지 않게 가윗날이 피부에 닿아 사고가 일어납니다.

강아지가 심하게 움직일 때도 위험하지만 발바닥, 배, 사타구니, 얼굴 등 자르기 어려운 부분을 미용할 때는 특히 조심해야 합니다.

 **의심이 가면 바로 확인하세요**

털이 엉켜 있을 때는 최대한 빗으로 빗어 풀어 주고 자릅니다. 전혀 빗겨지지 않을 때는 자를 때 손으로 털을 잡아당겨 피부에 칼날이 닿지 않도록 조심하면서 엉킨 털뭉치를 통째로 잘라 냅니다. 닥치는 대로 털을 자르면 피부까지 잘릴 수 있어서 위험합니다. 피부와 털의 경계를 알기 어려울 때는 털을 빗으로 쓸어 빗 위에 가위를 대고 자르면 피부를 자를 위험이 없습니다.

 **이런 점을 유심히 살피세요**

털을 자르기 전에 반드시 온몸을 빗질해 줍니다. 털이 고르면 미용을 빠르고 정확하게 할 수 있습니다. 또 털을 자르기 전에 강아지를 진정시킨 뒤 시작합시다.

자르기 전에 빗질을 하면 비교적 자르기가 수월해집니다.

피부를 잘라 버렸을 때는 응급처치를 하고 병원에 데려갑니다.

 ## 어떻게 하면 나을까요?

먼저 상처나 잘린 피부에 세균이 들어가지 않도록 소독약(과산화수소, 포비돈 등)으로 소독합니다. 만약 소독약이 없다면 깨끗한 물로 상처 부위를 씻어 내고 잔털이 상처 부위에 들어가지 않게 합니다.

출혈이 있다면 수건 등으로 압박하고 지혈이 되는지 확인합니다.

상처 부위가 넓거나 피가 멈추지 않을 때는 병원에서 치료를 받아야 합니다. 빠른 응급처치가 빠른 회복으로 이어집니다.

의사 선생님의 조언

가위에 잘린 상처는 생각보다 크고 깊은 경우가 많습니다. 피부는 출혈량이 많기 쉬우므로 주의해야 합니다. 또 피부는 바깥에 직접 닿아 더러운 것이 묻거나 세균이 들어가기 쉽습니다. 위험한 물건을 사용하고 있다는 자각이 있다면 막을 수 있는 사고이므로 정신을 바짝 차리고 자릅시다.

발로 밟았어요·찼어요

부엌에서 식사 준비를 하다가 뒤에 강아지가 있는지 모르고 발로 밟는 경우가 있습니다.

원인이 뭐예요?

- 골절, 타박, 내출혈, 염좌 등

무엇을 조심해야 하죠?

너무 심한 통증을 호소한다면 골절을 의심할 수 있습니다. 골절이라 해도 새끼는 아직 완벽한 골형성이 되지 않아서 부러지지 않고 구부러지는 경우도 있습니다.

한편, 타박과 염좌, 내출혈 등은 실수로 강아지를 차서 발생하는

의심이 가면 바로 확인하세요

골절이 아닐 때는 통증의 정도, 걸음걸이를 관찰합니다. 계속 아파하고, 아파하는 부위가 부어오르거나 걸음걸이가 이상할 때는 가능한 한 빨리 병원에 가는 것이 좋습니다. 크게 아파하지 않더라도 며칠 동안은 안정을 취해야 합니다.

이런 점을 유심히 살피세요

새끼 강아지는 노는 것을 좋아하며 움직이는 것에는 뭐든지 흥미를 보입니다. 강아지용 장난감에는 금방 질려도, 사람의 팔다리는 움직이는 장난감으로 생각해서 흥미를 보입니다. 특히 움직이는 사람의 발에 강한 흥미를 보이며 곧잘 달라붙어 장난을 칩니다.

강아지를 밟을 뻔해서 피하다가 주인이 넘어져서 손목이나 갈비뼈가 골절되거나 발목에 염좌를 입는 경우도 있으니 주의합시다.

경우가 많습니다. 골절과 같이 심한 부상이 아니라도 주의를 기울이는 것이 좋습니다.

시간이 흐른 후 상태가 나빠지는 경우도 있으므로 적어도 2~3일은 유심히 관찰해야 합니다.

 ## 어떻게 하면 나을까요?

밟으면서 체중이 실렸다면 강아지의 발이 부러졌을 수도 있습니다. 세게 차도 마찬가지입니다. 병원에 데리고 가서 검사를 받으세요.

체중이 완전히 실리지 않았다면 강아지를 진정시키고 통증이 가라앉는지를 살핍니다. 특별히 문제가 없어 보여도 순간 흥분해서 그러는 것일 수도 있습니다. 사고가 있고 며칠이 지난 후에 기운이 없어지거나 다리를 끈다면 사고 후유증일 수도 있습니다.

의사 선생님의 조언

강아지는 사람과 노는 것을 매우 좋아해서 발치에 있을 때가 많습니다. 항상 발 주변을 살피세요.

골절을 치료하지 않으면 다리가 휘어지므로 장래를 생각해서 제대로 치료를 해야 합니다. 특히 새끼는 사람 발에 곧잘 달려드므로 이에 대한 훈련이 반드시 필요합니다.

골프채에 맞았어요

골프채나 야구방망이, 라켓 등을 휘두르다가 강아지가 맞으면 크게 다칠 수 있습니다. 일상의 사소한 부주의로 일어나는 사고로 평소에 주의해야 합니다.

원인이 뭐예요?

● 골프채, 야구방망이, 라켓 등에 맞는 사고

무엇을 조심해야 하죠?

골프채나 야구방망이, 라켓에 맞으면 강아지가 받는 물리적 충격은 매우 큽니다.

머리나 얼굴을 직접 맞으면 충격으로 실신할 수도 있으며, 뼈에 맞으면 금이 가거나 골절될 수도 있습니다. 그리고 배나 가슴 등 부

의심이 가면 바로 확인하세요

골프 연습을 하고 있으면 강아지는 자기와 놀아주는 것으로 생각합니다. 그래서 위험하다는 생각을 하지 않고 다가오기도 합니다. 따라서 강아지가 있는 곳에서는 연습을 하지 않는 것이 가장 좋습니다.

만약 강아지의 다리에 맞았다면 뼈가 부러지거나 금이 갔을 가능성이 높습니다. 극심한 통증을 수반하므로 즉시 병원에 데려가야 합니다.

이런 점을 유심히 살피세요

골프채나 야구방망이는 단 한 번만 맞아도 부위에 따라 치명적일 수도 있으므로 예방하는 것이 무엇보다 중요합니다. 특히 새끼 강아지나 사람과 노는 것을 좋아하는 강아지는 더욱 흥미를 가지므로 주의해야 합니다.

드러운 부분을 맞으면 눈에 보이지 않아도 타박, 내출혈 등 내장이나 근육 손상이 시간이 흐른 후에 나타날 수도 있으므로 주의를 기울여야 합니다.

어떻게 하면 나을까요?

먼저 강아지가 맞은 부분을 살펴보세요. 외상이나 출혈은 없나요? 만약 강아지가 흥분해서 몸을 못 만지게 한다면 억지로 만지려 하지 말고 어느 정도 진정된 뒤에 살피도록 합시다. 겉보기에는 괜찮더라도 이러한 사고로 인한 심한 타박은 내출혈이나 근육 부상을 일으키는 경우가 많으므로 반드시 병원에 가서 진찰을 받는 것이 좋습니다.

강아지가 의식을 잃거나 움직이지 못한다면 긴급 상황입니다. 최대한 강아지를 움직이지 않게 고정하여 바로 병원으로 옮깁니다. 옮길 때도 자동차에 태워 조심스럽게 운반합니다.

의사 선생님의 조언

강아지를 병원으로 데려갈 때, 강아지가 흥분해 있다면 수건 등으로 감싸서 안고 갑니다. 이때 강아지에게 물리지 않도록 주의해야 합니다.

강아지가 의식이 없거나 움직이지 않는다면 널빤지나 종이 상자 등 단단한 것 위에 올려서 조심스럽게 옮기는 것이 좋습니다.

낚싯바늘이 박혔어요

상처가 나지 않게 뽑아야 합니다

낚싯바늘, 재봉용 바늘에 흥미가 생겨서 입에 물거나, 찔리거나, 발에 박히는 사고가 일어날 수 있습니다. 특히 낚싯바늘에는 미늘이 있으므로 특히 주의해야 합니다.

 ## 원인이 뭐예요?

● 낚싯바늘, 재봉용 바늘, 압정, 못, 가시 등이 입이나 발에 박히는 사고

 ## 무엇을 조심해야 하죠?

새끼는 특히 사람이 사용하는 물건에 매우 흥미가 많습니다. 그래서 무턱대고 입에 넣거나, 굴리며 놀다가 바늘 등의 뾰족한 물건이 몸에 박혀 버릴 수 있습니다.

따라서 낚싯바늘이나 재봉용 바늘을 치우는 것을 깜박하고 안 치

 ### 의심이 가면 바로 확인하세요

강아지가 침이나 피를 흘릴 때는 입을 벌려서 안을 살펴보세요. 무언가가 박혀 있을지도 모릅니다. 또 입이나 발을 핥거나 문지를 때도 살펴봐야 합니다. 발에 뭔가가 박히면 발을 들고 있는 경우가 많습니다.

만약 낚싯바늘의 미늘이 완전히 통과했다면 응급처치로 빼낼 수 있을 수도 있습니다. 미늘을 전부 잘라 내고 바늘의 역방향으로 뽑아내면 됩니다.

 ### 이런 점을 유심히 살피세요

바늘이 입이나 발에 박힌 경우에는 겉으로 보여서 발견할 수 있습니다.

하지만 삼킨 경우는 보이지 않습니다. 실이 달린 바늘을 삼키면 실만 입 밖으로 나와 있을 수도 있습니다. 이 경우 절대로 당겨서는 안 됩니다. 삼킨 바늘이 위나 장에 박히거나 자칫 꿰뚫어 버릴 수도 있으므로 주의해야 합니다.

우거나, 떨어뜨린 것을 모르는 경우도 사고로 이어질 위험이 있습니다. 이런 물건들은 항상 관리를 하고 신경을 써야 합니다. 강아지가 어딘가 이상해 보인다면 혹시 모르니 자세히 살펴봅시다.

 어떻게 하면 나을까요?

박힌 바늘이 똑바르거나 미늘이 없는 낚싯바늘이라면 핀셋 등으로 조심해서 뽑아냅시다.

하지만 미늘이 있는 구부러진 낚싯바늘은 집에서 뽑아내기 어렵고 움직이면 통증이 따릅니다. 이럴 때는 무리하게 만지지 말고 병원에 데리고 가서 수의사에게 보이는 것이 좋습니다.

만약 삼켰다면 긴급 상황이니 서둘러서 병원에 데리고 갑시다.

의사 선생님의 조언

실이 달린 바늘은 특히 주의해야 합니다. 처음에는 실을 가지고 놀다가 그것을 입에 넣으면서 바늘까지 딸려 들어가 결국 삼켜 버리는 사고가 잦습니다. 실만 입 밖으로 나와 있다면 입을 벌리고 바늘이 달려 있는지 확인하세요.

반려견에게 혹시 모를 사고가 일어나지 않도록 아래의 내용을 숙지해 두세요. 반려견은 당신의 소중한 가족입니다.

1 산책 중에는 목걸이와 리드줄을 반드시 착용하고 강아지에게서 떨어지지 마세요.

2 사소한 방심이 사고를 부르므로 항상 조심하세요.

3 교통사고가 나면 시간이 지나고 나서 갑자기 증상이 나타날 수도 있습니다.

4 산책 중 무언가에 찔리거나 물리면 즉시 병원으로 향합니다.

5 독극물이나 이물을 먹었을 때는 먹다 남긴 것이나 토한 것이 있으면 그것을 가지고 병원에 갑니다.

6 새끼 강아지는 놀고 싶은 마음에 사람에게 잘 들러붙습니다. 주의하세요.

7 강아지를 집에 혼자 둘 때에는 특히 주의하세요.

8 강아지가 2층 이상의 높은 건물에 있다면 낙상 방지 대책을 세워 두세요.

9 라켓이나 배트를 사용할 때는 주위에 강아지가 가까이 있는지 살펴봅시다.

10 사고 후 몸에 이상이 며칠 뒤에 나타났다 하더라도, 사고 당시의 부상이 원인일 수도 있습니다.

주인이 직접 하는 응급처치

일상의 사건 사고들

침착하게 대처합시다

다른 강아지가 물고 늘어져요

강아지는 몸 전체가 털로 덮여 있어서 겉에서 보기에는 별거 아닌 듯 보여도 상처가 깊고 넓을 수가 있습니다. 또 상처 부위에 세균감염이 일어날 수 있으므로 주의해야 합니다.

 ## 원인이 뭐예요?

- 산책 중 만난 강아지와 싸움
- 발정 중인 강아지를 둘러싼 경쟁이나 싸움
- 집 마당에 다른 강아지가 들어와서 싸우다가 발생하는 사고 등

 ## 무엇을 조심해야 하죠?

강아지가 물렸을 때 당황해서 급히 떼어 내려고 하면 안 됩니다. 상대 강아지가 물고 늘어질 때 무리하게 당기면 상처가 더욱 넓고 깊어질 수도 있기 때문입니다.

의심이 가면 바로 확인하세요

상처 부위가 아물었는데도 식욕이 없거나, 상처 부근이 부었거나, 만지면 싫어하는 경우가 있습니다. 이럴 때는 피부는 아물었어도 속이 곪아서 고름이 차 있는 것일 수도 있습니다. 열이 나는 경우도 있습니다.

강아지가 상처가 났을 때는 아문 것 같아 보여도 계속 꼼꼼히 살피는 것이 중요합니다.

이런 점을 유심히 살피세요

크게 찢어지거나 지혈이 되지 않을 때, 강아지가 만지지 못하게 할 때 등, 응급처치가 제대로 이루어지지 않을 때는 최대한 빨리 병원에 데려가는 것이 좋습니다.

정신이 없으면 주인을 물 수도 있으므로 우선 강아지를 진정시키는 것이 중요합니다. 그러고 나서 양쪽 강아지를 떼어 놓습니다.

가벼운 상처라도 강아지의 입이나 이빨에 있던 세균이 상처 부위에 들어와서 덧나는 경우가 매우 많으므로 응급처치를 해야 합니다.

 응급처치 어떻게 하죠?

물린 상처에서 피가 난다면 상처 부위를 깨끗한 수건 등으로 압박합니다. 묶어서 지혈할 수 있는 부위라면 상처 부위보다 윗부분을 묶어 출혈이 멈추는지 지켜보세요. 이때 묶은 채로 오래 두면 혈액순환이 안 되어서 오히려 좋지 않습니다. 그리고 가능하다면 상처 부위를 흐르는 물에 씻어 내 깨끗하게 합시다. 깊은 상처는 나중에 곪거나 부을 수도 있으므로 이후에도 주의를 기울입시다.

의사 선생님의 조언

발정이 난 암컷을 둘러싸고 수컷들끼리 싸우다가 물리거나, 그 암컷 강아지에게 물리기도 합니다.

암컷인 반려견이 발정 중이라면 공원 등 강아지가 많이 모이는 곳에 데려가지 않는 것이 좋습니다. 아는 강아지더라도 발정 중에는 가까이 가지 못하게 합시다.

발톱을 다쳤어요

평소에 발톱을 깎아 줍시다

산책을 자주 하는 강아지는 저절로 발톱이 닳아서 적당한 길이로 유지됩니다. 하지만 집 안에서 키우거나 산책을 자주 나가지 않는 강아지는 신경 써야 합니다.

원인이 뭐예요?

- 평소 발톱을 안 깎아 준 경우
- 며느리발톱 깎아 주는 것을 잊은 경우
- 모서리나 수건, 좁은 틈 등에 발톱이 걸린 경우 등

무엇을 조심해야 하죠?

발톱을 다치면 매우 아파하고 피도 납니다. 만약 산책 중 발톱을 다치면 즉시 집으로 돌아갑시다. 상처를 방치한 채로 산책을 계속하면 상처 부위에 잡균이 들어가서 곪을 수도 있습니다.

확인하세요 의심이 가면 바로

평소에 발톱을 깎아 주고, 산책하러 나가기 전에는 항상 발톱이 너무 길지 않은지 점검합시다.

발톱이 너무 길면 길가에 살짝 패인 홈이나 모퉁이에 발톱이 끼여서 빠지거나 부러지기 쉽습니다. 또한, 발톱이 너무 길면 걷기 어려워지고 결국 생각지도 못한 사고로 이어질 수도 있습니다.

살피세요 이런 점을 유심히

강아지는 발톱이 너무 길면 발바닥 패드가 바닥에 완전히 닿지 않아 정상적으로 걷지 못합니다. 이렇게 되면 산책은 물론 일상생활 속에서도 발톱을 다치기 쉬워지고 발을 삐는 등 예상치 못한 부상도 초래할 수 있습니다.

집 안에서 키우는 경우도 미끄러지거나 매트나 수건에 발톱이 걸릴 수 있습니다. 수시로 강아지의 발톱을 확인하고 적절한 길이인지 살펴보세요.

다친 발톱을 만지려고 하면 아파서 싫어합니다. 강아지가 어느 정도 진정이 된 후에 처치를 합시다.

 ## 응급처치 어떻게 하죠?

먼저 상처 부위를 흐르는 물로 깨끗이 씻습니다. 피가 나면 거즈 등으로 피가 멈출 때까지 압박합니다.

발톱이 완전히 부러지지 않고 매달려 있다면 억지로 떼어 내지 말고 병원에 가서 처치를 받는 것이 좋습니다.

다친 발톱을 즉시 치료하지 않으면 발톱에 잡균이 들어가서 염증이나 화농을 일으킬 수 있습니다. 이렇게 되면 통증이 심해지고 발톱을 만지는 것을 더욱 싫어하게 되어서 치료에 시간이 걸리므로 주의합시다.

의사 선생님의 조언

발톱을 깎다가 너무 많이 잘렸을 때 뿌리는 지혈 파우더가 있습니다. 사용 방법은 피가 난 발톱 끝에 지혈 파우더를 뿌려 주기만 하면 됩니다.

강아지의 발톱은 사람이 쓰는 손톱깎이로는 자르기 어렵습니다. 애견용 발톱깎이를 사용하세요.

유리에 발을 베었어요

유리 조각도 조심합시다

강아지는 발바닥이 털로 덮여 있지 않아서 유리 조각이나 못 등에 다치기 쉽습니다. 산책할 때 반려견의 발이 다칠 만한 것이 있는지 땅바닥을 잘 살펴보세요.

원인이 뭐예요?

- 유리 조각에 베인 경우
- 날카로운 나뭇가지나 못 등이 박힌 경우 등

무엇을 조심해야 하죠?

유리 등의 날카로운 물건에 베이면 매우 아파하며 피가 나기도 합니다. 이 때문에 발을 질질 끌거나, 다리를 들고 있기도 하며 갑자기 걷지 않는 강아지도 있습니다. 강아지가 발에 이상을 호소하면 무리해서 움직이게 하지 말고 발바닥을 잘 살펴봅시다.

의심이 가면 바로 확인하세요

유리 조각은 땅에 잘 떨어져 있으므로 평소 자주 산책을 하는 길이라 하더라도 주인이 항상 신경 써서 살펴보아야 합니다. 작은 유리도 멀리서 보면 반짝여서 알 수 있습니다.

이런 점을 유심히 살피세요

유리를 전부 제거했는데도 계속 상처 부위가 낫지 않는다면 눈에 보이지 않는 유리 조각이 남아 있을 가능성이 있습니다. 유리 조각이 잘 제거되지 않는다고 억지로 건드리지 말고 병원에 데려갑시다.

한동안은 상처가 덧날 위험이 있으므로 산책을 자제하는 것이 좋습니다.

또, 어두울 때 산책하거나 강아지가 달리다가 다치는 경우도 있습니다. 밤 산책은 항상 다니던 길로 조심해서 다니는 것이 좋습니다.

 ## 응급처치 어떻게 하죠?

발에 유리 조각이 박혔다면 전부 뽑아내야 합니다. 크기가 큰 것은 금방 뽑을 수 있습니다. 잘 안 될 때는 집으로 데리고 돌아와서 강아지를 진정시킨 후 합시다.

작은 유리 조각은 핀셋으로 뽑아냅니다. 피가 나도 일단 흐르는 물에 상처 부위를 씻어서 눈에 보이지 않는 유리 가루까지 전부 씻어 냅니다. 씻는 도중 피가 멈췄다면 상처 부위에 세균이 들어가지 않도록 거즈로 감쌉니다.

의사 선생님의 조언

강아지는 맨발로 땅을 걸으니 산책로 바닥을 유심히 살펴야 합니다. 그리고 시간도 가려서 산책해야 합니다. 여름철 직사광선이 내리쬐는 시간에 산책을 하면 강아지의 체력이 소모됩니다. 사람은 신발을 신어서 상관없지만 아스팔트가 열을 받아 뜨거워지면 강아지는 발바닥에 화상을 입을 수도 있습니다.

산책하다가 걷질 않아요

여러 이유를 떠올릴 수 있습니다

즐겁게 산책을 하다가 갑자기 걷지 않는 것은 반드시 이유가 있습니다. 강아지가 놀거나 달릴 때는 모르다가 나중에서야 통증을 호소하는 경우가 있습니다.

원인이 뭐예요?

● 다리 염좌 ● 타박 ● 외상 ● 관절이나 내장질환
● 스트레스 등

무엇을 조심해야 하죠?

신 나게 산책하러 나갔다가 갑자기 걷지 않는다면 몸에 이상이 있다는 신호입니다. 우선 멈춰 서서 강아지를 진정시키고 발을 들고 있거나 끌고 있지 않은지, 외견상 평소와 다른 점이 있는지 관찰합니다. 그리고 호흡 상태나 행동도 이상한 점이 없는지 살펴봅시다.

의심이 가면 바로 확인하세요

평소 밥은 잘 먹는지, 장은 건강한지, 성격이 활발한지, 호흡이 거친지 관찰해 두는 것이 중요합니다. 그리고 몸 상태가 안 좋을 때는 산책을 자제하는 것이 좋습니다.

이런 점을 유심히 살피세요

먼저 산책 시간대와 거리가 적절한지 생각해 보세요. 한여름 대낮에 산책하고 있지 않나요? 또 겨울에 너무 추운 시간은 아닌가요? 산책 거리가 강아지의 종류와 나이에 적절한가요? 산책로를 강아지가 싫어하진 않나요? 강아지가 지병이 있진 않나요?

과거에 안 좋은 기억이 있는 길을 무서워하는 강아지도 있습니다. 또, 지병이 있다면 병과 관련이 있을지도 모릅니다.

 # 응급처치 어떻게 하죠?

강아지를 진정시켜서 곧장 집으로 데리고 돌아갑니다. 잠시 안정을 취하게 한 다음 평소처럼 먹이를 먹거나 건강해 보인다면 그대로 좀 더 상태를 지켜봅시다.

당일은 괜찮다가 그 다음 날 이상을 발견할 때도 많습니다. 이런 경우 응급처치가 늦어져서 병이나 상처가 악화되었을 가능성도 있습니다.

집에 돌아와서도 진정이 안 되고 원인을 알 수 없다면 각별히 주의해야 합니다.

의사 선생님의 조언

발이나 다리 이상이 아니라 관절이나 근육에 문제가 생기거나, 배탈이 나는 등 몸속의 이상도 의심할 수 있습니다. 즉시 산책을 멈추고 집으로 돌아가 진정시키고 상태를 지켜보세요.

한편, 식후에는 절대로 산책하면 안 됩니다. 건강한 강아지도 위장에 무리가 가서 복통, 구토, 설사를 할 수 있습니다.

도랑·홈에 빠졌어요

시간이 흐른 후 아플 수도 있습니다

산책 중 신 나서 정신없이 놀거나 달리다가 작은 홈이나 패인 곳에 발이 빠지는 경우가 있습니다. 순간은 깜짝 놀라서 고통을 느끼지 못할 수도 있습니다.

원인이 뭐예요?

- 산책 중 길가의 움푹 패인 곳에 발이 빠지는 경우
- 집 안에 있는 턱이나 홈에 발이 끼는 경우 등

무엇을 조심해야 하죠?

다리를 삐거나 타박상을 입었을 가능성이 있습니다. 또한 베어서 피가 날 수도 있습니다. '깽깽' 하고 우는 소리를 내거나 다리를 끌며 움직이지 못할 때는 바로 집으로 돌아갑니다. 무리하게 강아지를 걷게 하지 말고 안아 줍니다. 안기 힘든 강아지는 서두르지 말고 천천

의심이 가면 바로 확인하세요

산책로에 충분히 주의를 기울이고 강아지의 상태를 살피는 것이 중요합니다. 하수구 뚜껑 위는 걷지 못하게 하고 초행길은 강아지를 앞세워 걷지 않습니다.

공으로 놀아 주면 강아지는 흥분해서 주위를 확인하지 않는 경우가 많으므로 반드시 안전한 장소에서 놀아야 합니다.

이것들만 지켜도 사고를 충분히 막을 수 있습니다.

이런 점을 유심히 살피세요

근육이나 힘줄 등에 상처를 입으면 사람과 마찬가지로 시간이 조금 지난 뒤 타박상 등으로 인한 통증이 오는 경우가 있습니다. 상태를 살펴보고 통증이 심해진 것 같다면 주시해야 합니다. 또, 며칠 간은 산책을 자제하는 것이 좋습니다.

강아지는 너무 흥분하면 통증을 느끼지 못하는 경우도 있으므로 주인이 강아지의 상태를 유심히 관찰해야 합니다.

히 걷게 합니다.

강아지가 하수구 뚜껑 위를 걷다가 뚜껑의 구멍이나 홈에 발이 빠져서 사고가 일어나기도 하므로 되도록 하수구 위는 걷지 않게 합시다.

응급처치 어떻게 하죠?

다리를 땅바닥에 짚지 못한다면 관절이나 인대에 문제가 있을 가능성이 있습니다. 무리하게 다리를 만지지 말고 즉시 병원에서 검사를 받는 것이 좋습니다. 베인 상처가 있으면 흐르는 물에 깨끗이 씻어 주세요. 또한 발을 삐었을 때는 안정을 취해야 합니다.

겉으로 드러나지 않는 가벼운 부상도 안정을 취하지 않고 움직이면 통증이 심해집니다. 많이 아파하면 억지로 움직이게 하지 말고 집에 있는 가족의 도움을 받거나 주치 병원에 연락합시다.

의사 선생님의 조언

비만이면 부상을 입지 않아도 항상 다리에 부담이 가해지므로 평소 강아지가 적당한 체중을 유지하도록 관리합시다.

또한 사람과 마찬가지로 나이가 들수록 부상이 잘 낫지 않게 됩니다. 나이가 들수록 부상을 주의해야 합니다.

눈에 공을 맞았어요

부어오르므로 주의합시다

눈과 입은 가까운 곳에 있어서 공을 입에 물려고 하다가 공이 튀거나 굴러서 예상치 못하게 눈에 맞는 경우가 있습니다.

원인이 뭐예요?

● 주인과 공 등으로 놀다가 눈에 맞은 경우
● 무언가에 부딪힌 경우 등

무엇을 조심해야 하죠?

무언가에 눈이 맞으면 눈이 빨개지고 눈물이 나옵니다. 그리고 눈을 제대로 뜨지 못합니다. 또, 맞은 물건에 묻어 있는 더러운 것이 눈에 들어갈 가능성이 있습니다.

눈 주위는 매우 붓기 쉽습니다. 당일은 특별히 눈에 띄는 이상이

의심이 가면 바로 확인하세요

소형견은 눈이 크고 약간 돌출된 경우가 많습니다. 이러한 강아지는 눈에 물건이 부딪치거나 오염 물질이 눈에 들어가기 쉬우므로 특히 주의해야 합니다.

또 새끼 강아지나 노령견은 눈이 잘 보이지 않는 경우가 있습니다. 따라서 공을 가지고 놀 때에는 바닥에 천천히 굴리는 정도가 좋습니다. 던지면서 놀다가 눈뿐만 아니라 생각지도 못한 사고가 일어날 수도 있습니다.

이런 점을 유심히 살피세요

눈에 띄는 상처가 없거나 보이지 않을 정도의 작은 상처라도 강아지는 눈에 통증을 느껴 신경 쓰일 수 있습니다. 그리고 문지르거나 긁어서 스스로 상처를 더 크게 만들 수도 있으므로 주의해야 합니다.

눈이 점점 부어서 제대로 뜨지 못하게 되거나, 눈곱이나 눈물이 멈추지 않을 때는 특히 주의합시다.

없다가도 시간이 조금 지난 뒤 부어올라 눈을 뜨지 못하게 되는 경우도 있습니다. 눈 주위에는 시신경을 비롯한 매우 예민한 조직들이 분포되어 있어 작은 충격에도 큰 고통을 느끼며 부상을 당하기 쉽습니다.

응급처치 어떻게 하죠?

즉시 깨끗한 물로 잘 씻깁니다. 그리고 부상 직후에는 눈에 차가운 수건 등을 대고 냉찜질을 하여 염증이 생기지 않도록 합니다. 눈에 무언가가 들어갔을 때는 흐르는 물로 씻어 냅니다. 눈에 들어간 것을 손가락으로 빼려고 하다가 안구에 상처를 입힐 수도 있으니 자제합시다.

눈에 티끌이 들어가면 강아지는 눈을 제대로 뜨지 못합니다. 눈을 억지로 벌리려고 하면 강아지가 몸부림을 칩니다. 그때는 스포이트 등을 사용해서 눈 옆 가장자리로 물을 흘려보냅시다.

의사 선생님의 조언

눈은 매우 섬세한 기관입니다. 신중하게 상태를 지켜보세요.

사람이 쓰는 안약은 강아지에게 적합하지 않습니다. 오히려 더욱 악화시킬 수도 있으므로 사용하면 안 됩니다.

병원에서 받은 안약도 취급할 때 주의해야 합니다. 약이 나오는 끝부분은 만지면 안 됩니다.

갑자기 쓰러졌어요

응급처치를 알아 둡시다

강아지가 갑자기 쓰러졌다면 원인이 무엇이든 매우 심각한 상황입니다. 심장이나 호흡이 멈출 수도 있습니다. 응급처치를 알아 두면 이러한 응급 상황에 큰 도움이 됩니다.

 원인이 뭐예요?

- 심장발작(심장사상충증, 심장질환 등) ● 간질발작
- 열사병이나 일사병 ● 쇼크 등

 무엇을 조심해야 하죠?

갑자기 쓰러졌을 때 일사병이 의심되거나 심장병과 같은 지병이 있다면 원인을 짐작할 수 있지만, 전혀 원인을 알 수 없는 경우도 많습니다. 이때 우선 주인이 침착하게 대처해야 합니다. 의식을 차리라며 흔들거나 두드리는 것은 오히려 위험합니다. 올바른 구명 방법을 침착하게 실행하는 것이 중요합니다.

의심이 가면 바로 확인하세요

평소의 건강관리가 최고의 예방입니다. 평소 강아지의 호흡 상태와 심장 소리 등을 알아 두면 참고가 됩니다. 호흡과 심장 박동 둘 중 하나라도 없을 때는 즉시 응급처치를 시행해야 합니다. 빠르고 확실한 응급처치를 시행하면 목숨을 건질 가능성도 높아집니다. 또한, 최대한 빨리 병원에 데리고 가는 일도 중요합니다. (경련을 일으키고 있을 때는 136쪽을 참조하세요.)

이런 점을 유심히 살피세요

강아지가 쓰러졌을 때 응급처치를 하기 전 확인해야 할 것이 있습니다. 먼저 강아지를 옆을 향하게 하여 눕힙니다. 자신의 손을 강아지의 코에 가져다 대고 호흡을 하고 있는지 확인하고 호흡에 따라 가슴이나 배가 움직이는지 살펴봅시다. 그리고 강아지의 가슴에 손을 얹거나 귀를 대고 심장이 두근두근하는 소리가 들리는지를 확인합니다. 심장과 호흡에 문제가 없다면 조심해서 병원으로 옮깁니다.

응급처치 어떻게 하죠?

●숨을 쉬지 않을 때

강아지가 쓰러졌다면 먼저 코와 입에 손을 대고 호흡이 느껴지는지, 또 가슴과 배가 호흡으로 움직이고 있는지 확인합니다. 멈춰 있다면 즉시 인공호흡을 시작합시다.

> **★ 인공호흡의 순서**
> ① 강아지를 옆으로 향하게 하여 눕힙니다.
> ② 목과 몸을 똑바르게 폅니다. 목이 구부러져 있으면 숨이 들어가지 않습니다.
> ③ 입을 손으로 살짝 누르고 벌어지지 않게 합니다.
> ④ 강아지의 코를 자신의 입에 넣고 강아지의 가슴이 부풀어 오를 정도로 숨을 불어 넣습니다. 가슴이 부풀지 않으면 폐까지 공기가 가지 않아 인공호흡의 효과가 없습니다. 숨이 더 들어가지 않을 때까지 불어 넣고 입을 떼세요. 단, 소형견은 너무 세게 불어 넣으면 안 됩니다. 주의하세요.
> ⑤ 이것을 3∼5초에 1번씩 반복하면서 서둘러 병원으로 옮기세요.

●심장이 뛰지 않을 때

강아지의 가슴에 자신의 손이나 귀를 대 봅시다. 심장 소리가 들리지 않는다면 촌각을 다투는 긴급 사태입니다. 즉시 심장마사지를 시작합시다.

> **★ 심장마사지의 순서**
> ① 강아지의 좌측이 위로 오도록 옆으로 눕힙니다.
> ② 주로 사용하는 손이 아닌 반대쪽 손바닥을 바닥에 넣어 우측 가슴을 받치고 가슴을 단단히 고정합니다.
> ③ 좌측 가슴 위 강아지의 앞다리 허벅지 윗부분에 평소 주로 사용하는 쪽의 손을 올립니다.
> ④ 손바닥 전체에 힘을 주고 바로 아래를 향해 누릅니다. 이때 양손으로 가슴을 감싸듯 손에 힘을 주고 빠지지 않도록 확실히 누릅시다.
> ⑤ 이것을 1초에 1번씩 시행합니다.
> ⑥ 심장마사지 5번 후 1번씩 인공호흡을 시행합니다. (심폐소생술)
> ⑦ 최대한 빨리 병원으로 옮깁니다.

의사 선생님의 조언

갑자기 강아지가 쓰러지면 주인도 동요해서 정확한 응급처치를 시행하기가 매우 어렵습니다. 하지만 혹시 모를 사태에 대비하여 알아 두도록 합시다. 평소에 순서와 방법을 확실히 기억해 두면 당신이 소중한 반려견의 생명을 살릴 수도 있습니다.

경련을 일으켰어요

섣불리 강아지를 만지지 맙시다

건강하던 강아지가 갑자기 경련을 일으킬 때가 있습니다. 원인을 알고 있는 경우도 있지만 아닐 때도 있습니다. 경련의 상태를 확실히 확인합시다.

 ## 원인이 뭐예요?

● 간질발작 ● 심장발작 ● 저혈당성 쇼크 ● 스트레스
● 뇌질환(뇌종양, 뇌염 등) ● 내장질환 등

 ## 무엇을 조심해야 하죠?

강아지가 경련을 일으키고 있을 때는 의식이 분명하지 않습니다. 또한 경련이 오기 직전에는 울거나 침을 흘리고 몸을 떠는 등 흥분 상태가 될 때가 있습니다. 이것은 몸을 제대로 가누지 못하게 되며 나타납니다. 이때 주인이 섣불리 만지려고 하면 강아지에게 물리거

의심이 가면 바로 확인하세요

간질 발작은 직전에 흥분하거나 몸을 떠는 행동을 보여서 어느 정도 예상할 수 있습니다. 하지만 뇌질환이나 심장발작은 예측이 매우 어렵습니다. 이런 질환은 예방보다 원인이나 치료 가능 여부를 찾아봐야 합니다.

저혈당성 쇼크나 심장질환에 의한 발작은 평소에 건강관리를 잘하면 방지할 수 있습니다.

이런 점을 유심히 살피세요

경련이 반복된다면 간질과 같은 질병의 가능성이 있으므로 수의사와 상담하세요. 간질은 원인이 불분명하지만, 약으로 예방할 수 있는 경우도 있습니다.

간질 이외에도 뇌의 장애, 심장, 간, 신장질환, 정신적 스트레스 등 매우 다양한 원인을 의심해 볼 수 있습니다.

경련은 한 번만 일으켰다 하더라도 병원에서 검사를 해 보는 것이 좋습니다.

나, 강아지의 공황 상태를 더욱 악화시켜 예상치 못한 부상으로 이어질 수도 있으니 주의하세요.

 ## 응급처치 어떻게 하죠?

섣불리 강아지를 만지면 안 됩니다. 마음을 다잡고 침착하게 경련이 가라앉기를 기다립시다. 경련이 가라앉은 후 강아지가 괜찮아 보인다면 안정을 취하게 하고 상태를 지켜봅니다.

만약 강아지가 정신을 잃었다면 심장이 움직이는지 숨을 쉬고 있는지 확인합시다. 호흡이 느껴지지 않으면 즉시 앞 쪽에서 설명한 응급처치를 시행하세요.

한편, 시간이 지나도 경련이 멈추지 않을 때는 병원에 가는 것이 좋습니다. 이때 강아지는 매우 흥분한 상태라서 강아지는 물론 사람도 다칠 수 있습니다. 강아지를 수건 등으로 단단히 감싸 조심해서 안고 갑니다.

의사 선생님의 조언

경련은 갑자기 일어나는 것으로 사전에 예방하는 것이 불가능한 경우가 많습니다. 경련의 원인이 무엇인지 찾아내어 치료할 수 있는지 알아봐야 합니다.

또한 간질인 강아지는 환절기, 날씨의 급격한 변화, 정신적 스트레스 등으로 발작을 일으키기 쉽습니다.

더위서 쓰러졌어요

일단 몸을 식힌 뒤 병원에 갑시다

강아지는 땀을 흘려서 체온을 내릴 수 없습니다. 특히 묶여 있거나 실내에 갇혀 있으면 스스로 시원한 곳을 찾아갈 수 없으니 신경쓰세요.

원인이 뭐예요?

● 열사병 ● 일사병 등

무엇을 조심해야 하죠?

강아지는 원래 추위에 강하고 더위에는 매우 약한 동물입니다. 따라서 평소에 더위 대비를 하는 것이 중요합니다. 더운 여름날 뙤약볕에 묶어 두거나, 환기가 되지 않는 실내에 가둬 두거나, 쨍쨍 햇볕이 내리쬐는 한낮에 산책하거나, 컨디션이 좋지 않아도 눈 깜짝할

확인하세요 의심이 가면 바로

이 병은 진행이 매우 빠르고 위험합니다. 평소 더위를 잘 대비하여 예방하세요.

강아지를 밖에서 기른다면 개집을 통풍이 잘되는 그늘로 옮겨야 합니다. 그리고 컨디션이 안 좋으면 시원한 실내로 들입니다. 사람이 없을 때에는 환기가 잘되는 방에 두거나 에어컨을 틀어 줍니다. 또 신선한 물을 언제든지 마실 수 있게 준비해 둡시다. 그리고 더운 시간은 피해서 산책시킵니다.

살피세요 이런 점을 유심히

강아지는 인간과 달리 피부에서 땀이 나지 않습니다. 인간은 더울 때 땀을 흘려서 체온을 조절하지만, 강아지는 팬팅(입을 벌려 혀를 내밀고 헥헥 헐떡이며 숨을 쉬는 것)으로 몸을 식힙니다. 하지만 이것만으로는 몸의 체온을 조절하는 것에 한계가 있습니다. 사람은 에어컨을 틀거나 물을 마실 수 있지만 강아지는 이러한 것들을 인간에게 의지하고 있다는 것을 명심합시다.

사이에 열사병이나 일사병에 걸립니다.

장모종은 물론 단모종도 털이 빽빽하게 난 경우에는 더위에 약합니다. 원래 북쪽이나 서늘한 지역 출신이기 때문입니다.

 응급처치 어떻게 하죠?

주인이 발견했을 때 이미 강아지의 체온이 급격히 올라가서 의식불명 상태로 목숨마저 위태로운 경우도 적지 않습니다. 즉시 통풍이 잘되는 시원한 장소나 욕실로 옮깁니다. 그리고 젖은 수건을 전신에 올려놓고 서둘러 열을 식힙니다. 그 밖에도 얼음을 넣은 주머니나 아이스팩을 몸에 대 주면 좋습니다.

호흡이나 심장이 멈췄다면 동시에 심폐소생술(135쪽 참조)도 시행하세요. 그리고 한시라도 빨리 병원으로 데려갑시다.

의사 선생님의 조언

처음 여름을 맞는 새끼나 노령견은 특히 더위에 약합니다. 장모종이나 털이 빽빽이 나 있는 강아지도 순식간에 일사병이나 열사병에 걸릴 위험이 있으므로 주의해야 합니다.

여름에 건강이 나쁘면 체력 소모가 심해지므로 병이 있다면 그 전에 치료를 받는 것이 좋습니다.

화상을 입었어요

화상은 사람의 사소한 부주의로 일어나는 경우가 많습니다. 강아지가 욕실이나 부엌에 있을 때는 특히 주의해야 합니다. 강아지가 어디에 있는지 항상 확인하세요.

원인이 뭐예요?

- 뜨거운 욕조에 빠져서 전신 화상
- 욕조의 물을 데울 때 부분 화상 등

무엇을 조심해야 하죠?

욕조에 강아지가 빠지거나 뜨거운 냄비를 만지는 등 일상생활 속에서 사소한 부주의로 일어나는 경우가 많습니다. 강아지가 뜨거운 욕조에 빠지면 바로 꺼내서 샤워기로 찬물을 계속 뿌려 줍니다. 강아지가 몸부림을 치면 수건으로 감싸서 진정시킨 뒤 그 위로 물을

확인하세요 의심이 가면 바로

예방이 최선입니다. 뜨거운 물을 받을 때는 욕조에 강아지가 들어가지 않도록 주의합시다. 특히 겨울에는 더욱 뜨거운 물을 받는 경우가 많으므로 각별히 주의해야 합니다. 주인이 목욕을 하러 들어가는데 강아지가 따라 들어가는 경우도 있으므로 주의해야 합니다.

또 부엌에서 불을 사용할 때 강아지가 달려들어 사고가 일어날 때도 있으므로 조심해야 합니다.

살피세요 이런 점을 유심히

화상은 다친 후가 더 위험합니다. 처음에는 괜찮아 보여도 며칠 후 물집이 잡히고 피부가 벗겨지거나 열이 나는 등 더 심각한 증상이 나타나기도 합니다. 방심한 사이에 악화되는 경우가 많습니다.

특히 욕조에 빠지는 등 큰 화상을 입었다면 응급처치 후 즉시 병원에 데려가세요.

뿌려 줍니다.

다른 화상도 같은 방법으로 열이 빠질 때까지 흐르는 물로 식힙니다.

 ## 응급처치 어떻게 하죠?

강아지가 뜨거운 욕조에 빠지면 뜨거움과 통증으로 공황 상태에 빠집니다. 그 때문에 물거나 난폭하게 구는 경우도 있으므로 이런 점을 유심히 살피세요.

화상을 입으면 일단 흐르는 물로 식히는 것이 가장 중요합니다. 심한 부위는 얼음주머니나 아이스팩을 비닐 등 들러붙지 않을 만한 것으로 감싸서 대 줍니다. 집에서는 약이나 거즈, 붕대 등으로 처치는 하지 말고 충분히 열을 식히는 것이 좋습니다. 집에서 거즈나 붕대를 잘못 감으면 제거할 때 화상 입은 피부가 함께 벗겨질 수도 있기 때문입니다.

의사 선생님의 조언

뜨거운 욕조물을 휘젓고 있을 때 강아지가 달려들기도 하므로 각별히 주의하세요. 전신 화상은 강아지의 생명이 걸린 큰 사고이며 부분 화상이라도 며칠 후에 악화되는 경우가 있습니다. 또한 화상으로 강아지가 받는 정신적 충격도 큽니다.

이물을 삼켰어요

소금을 먹여 토해 내게 합니다

강아지, 특히 새끼는 무엇이든 입에 넣습니다. 음식물이 아니라도 흥미를 느끼면 일단 입에 넣어 봅니다. 그러다가 이물을 삼켜 버리면 큰일입니다.

원인이 뭐예요?

- 이물이 위장에 걸린 경우
- 날카로운 물건(핀, 바늘, 장난감 등)이나 큰 간식을 삼킨 경우 등

무엇을 조심해야 하죠?

새끼는 갓난아기처럼 무엇이든 입에 넣기 때문에 주의해야 합니다. 이 사고를 예방하기 위해서는 강아지가 닿을 수 있는 범위에 삼킬 수 있는 크기의 물건은 두지 않고, 장난감이나 간식은 크고 튼튼

의심이 가면 바로 확인하세요

강아지가 갑자기 침을 흘리고 목을 길게 빼거나 계속 심하게 기침을 할 때는 목에 무언가가 걸린 것일지도 모릅니다. 즉시 입을 벌려서 확인하세요.

이런 점을 유심히 살피세요

이물을 삼키는 사고는 주인이 보고 있지 않을 때 일어나는 경우가 많습니다.

이물을 삼켜도 토해 냈거나 변과 함께 나왔다면 괜찮습니다. 하지만 전부 토하지 못하고 위나 장을 막는 경우도 있습니다. 이렇게 되면 점점 증상이 악화되어 장폐색 등 생명을 위협하는 사태로 발전할 수 있으니 매우 주의해야 합니다.

한 것을 고르며, 바늘이나 핀 등은 잘 간수해야 합니다.

유치가 빠지고 영구치가 나는 시기에는 이빨이 가려워 아무거나 다 깨물고 싶어해서 이러한 사고가 특히 자주 일어납니다.

 응급처치 어떻게 하죠?

다시 토해 낼 수 있을 만한 크기의 이물을 삼킨 직후라면 소금 1티스푼을 먹여 자극을 줘서 이물을 토해 내게 할 수 있습니다. 그러나 이 처치는 삼킨 직후가 아니면 매우 위험합니다.

한편, 이물로 인해 중독 증상을 보인다면 즉시 병원에 가야 합니다. 토해 내지 못하면 병원에 데려갑시다. 그대로 두면 이물이 위나 장을 막아서 위험해집니다.

의사 선생님의 조언

새끼가 아니더라도 사냥개나 그 피가 흐르는 강아지는 물건을 삼킬 가능성이 높습니다. 사냥하던 습성이 남아 장난감을 사냥감이라고 생각하고 입에 물고 놀다가 삼켜 버리기도 합니다. 사냥개가 아니더라도 무엇이든 물려고 하는 강아지도 이 사고가 날 가능성이 높습니다.

목욕을 시키다가 귀에 물이 들어갔어요

강아지의 귀는 길고 좁으며 안쪽에 털이 나 있어서 무언가가 깊숙이 들어가기 쉽습니다. 비눗물 등이 귀에 들어가서 점막을 상처 입히지 않도록 주의합시다.

원인이 뭐예요?

● 외이염 ● 중이염 등

무엇을 조심해야 하죠?

목욕을 정기적으로 하면 강아지의 피부와 털을 깨끗하게 하고 몸 상태를 직접 만져 확인할 수 있어서 매우 좋습니다. 또 강아지와 의사소통을 할 수 있는 시간이기도 합니다.

의심이 가면 바로 확인하세요

목욕 전에 항상 반드시 귀를 살펴보세요. 귀가 빨갛고 짓물렀거나, 귀지가 많거나, 이상한 냄새가 날 때는 목욕을 하면 안 됩니다. 귀를 긁을 때도 마찬가지입니다.

이럴 때는 목욕을 하면 귀 상태가 악화될 수도 있습니다. 또, 목욕을 시킨 후에도 귀 상태를 점검합니다. 목욕 후 외이염 등에 걸리는 경우는 매우 많습니다.

이런 점을 유심히 살피세요

귀 안쪽(귓바퀴)은 먼지로 더러워져 있습니다. 내버려 두면 그곳에 세균이 증식해서 염증을 일으킬 수도 있습니다.

한 달에 한 번 정도 귀를 자세히 살펴보고 청소해 줍시다. 물티슈로 닦아 주거나 귀 전용 세정제(이어클리너)를 사용하면 됩니다. 자세한 사용법은 수의사에게 물어보고 올바르게 사용합시다.

하지만 목욕을 할 때 귀 안에 물이 들어가서 외이염 등을 일으킬 위험이 있습니다. 따라서 목욕 전에 강아지 귀를 솜 등으로 막아 두면 귓속에 비눗물이나 오염된 물이 들어가는 것을 예방할 수 있습니다.

응급처치 어떻게 하죠?

강아지의 귀는 굉장히 예민합니다. 비눗물이 들어갔다면 귓속을 물로 직접 씻지 말고 젖은 휴지 등으로 닦아 냅시다.

귀에 물이 들어가면 강아지는 귀를 흔들어서 물을 밖으로 내보내려고 합니다. 이러한 행동을 반복하거나 귀를 문지른다면 귓속에 물이 들어갔을 가능성이 있으므로 빨리 병원에 가야 합니다.

> ### 의사 선생님의 조언
>
> 덥고 습도가 높은 여름이 되면 귀 안에 땀이 차고 습도가 올라가기 쉽습니다. 특히 귀가 처진 강아지, 장모종, 귀가 약한 강아지는 더욱 주의해야 합니다.
>
> 외이염 등 귀 질병은 여름에 많이 발생하며 내버려 두면 만성화되어 치료에 시간이 오래 걸리므로 바로 치료해야 합니다.

비눗물이 눈에 들어갔어요

손으로 닦아 씻어 냅니다

목욕 중에 눈에 비눗물이나 구정물이 들어갈 수도 있습니다. 이때 눈에 이물감이나 통증을 느끼면 발로 눈을 비벼서 더욱 악화됩니다.

원인이 뭐예요?

- 결막염 ● 각막염 등

무엇을 조심해야 하죠?

강아지는 얼굴, 특히 눈 주위를 닦는 것을 싫어합니다.

얼굴을 닦을 때는 손으로 쓰다듬듯이 닦고, 헹굴 때에도 샤워기를 얼굴에 직접 대지 말고 손에 물을 묻혀서 닦아내 주세요. 이때 비눗물이 눈에 들어가지 않도록 강아지의 얼굴을 단단히 붙들고 조심스

의심이 가면 바로 확인하세요

강아지의 눈은 매우 예민합니다. 강아지가 건강하더라도 눈곱이나 눈물이 평소보다 많을 때는 목욕을 자제하는 것이 눈질환을 예방하는 데 도움이 됩니다.

이런 점을 유심히 살피세요

비눗물이 눈에 들어가서 아프고 신경이 쓰이면 강아지가 눈을 문지르거나 긁습니다. 이 때문에 새로운 상처가 생기거나 점점 악화되는 경우가 많습니다. 당장 눈에 염증이나 상처가 없다고 방심하지 말고 꾸준히 살펴보아야 합니다.

심하게 충혈되거나 눈을 뜨지 못하면 즉시 병원에 갑시다. 사람이 사용하는 안약을 절대 오용해서는 안 됩니다.

럽게 닦아 냅니다. 눈에 비눗물이나 구정물이 들어가면 눈의 점막에 상처를 입혀 염증을 일으킬 수도 있습니다.

응급처치 어떻게 하죠?

목욕을 시킬 때 눈 주위에 눈곱이나 더러운 것이 붙어 있으면 그 부분이 잘 씻기지 않고 눈에 구정물이 들어갈 수도 있습니다. 따라서 목욕을 시키기 전에 미리 눈 주위를 깨끗하게 해 두는 것이 좋습니다.

비눗물이 눈에 들어가면 강아지는 눈에 통증을 느낍니다. 그대로 두면 결막염 등의 질병을 일으킬 위험이 있으므로 바로 흐르는 물로 닦아 내세요.

의사 선생님의 조언

털이 하얀 강아지는 눈물이나 눈곱을 닦아 주지 않으면 눈 밑이 갈색으로 변색됩니다. 목욕을 시킬 때뿐만 아니라 평소에도 수시로 닦아 주세요.

또 눈물이나 눈곱이 많은 강아지는 눈이나 누관 (눈물관) 질병이 생길 가능성이 높으니 유심히 살피세요.

끈적한 시트가 붙었어요

억지로 떼면 안 됩니다

강아지는 전신이 털로 덮여 있기 때문에 끈적한 시트나 테이프가 붙으면 떼어 내기 어렵습니다. 무턱대고 떼려다가는 더 달라붙을 수도 있으므로 주의하세요.

원인이 뭐예요?

- 점착 시트(벌레잡이 용 끈끈이 등) ● 검테이프 등 테이프류
- 풀 ● 접착제 등

무엇을 조심해야 하죠?

벌레잡이 용 끈끈이는 매우 끈적끈적해서 떼어 내려고 하면 강아지가 아파하여 제거가 쉽지 않습니다. 그리고 풀이나 접착제는 시간이 지나면 단단하게 굳는데 그 상태에서 억지로 떼어 내면 피부에 상처를 줄 수도 있으므로 조심해야 합니다. 또, 강아지가 핥거나 긁어서 시트가 더 달라붙을 수도 있으므로 주의하세요.

의심이 가면 바로 확인하세요

끈적한 시트를 강아지가 닿는 곳에 두지 않으면 예방할 수 있습니다. 풀이나 접착제 등에서 나는 낯선 냄새에 흥미를 느끼고 접근하는 경우도 있습니다.

산책 중에는 끈적끈적한 것이 있는 곳에 가까이 가지 않도록 주인이 주의를 기울이는 것이 중요합니다.

이런 점을 유심히 살피세요

만약 시트가 털에 딱 달라 붙어서 떼어 낼 수 없을 때는 화장품 파우더나 밀가루 등의 가루를 시트와 털이 붙은 곳에 묻힙니다. 그렇게 하면 끈적함이 없어져서 떼어 내기 쉬워져 조금씩 떼어 낼 수 있습니다.

강아지가 몸부림을 치는 경우도 있으니 여러 명이 하는 것이 좋습니다.

응급처치 어떻게 하죠?

가루(밀가루 등)를 사용하여 조금씩 떼어 냅니다. 가루만으로 떼어 낼 수 없는 경우에는 가위로 자르거나 이발기(애견용 미용기)를 사용하여 털을 깎아 냅니다. 접착제가 굳어 버린 경우에는 가위로 조금씩 잘라 냅니다.

시트가 붙은 부분은 털은 물론 피부도 상하는 경우가 많습니다. 떼어 낸 뒤에는 깨끗이 목욕을 시키고 청결하게 유지하는 것이 좋습니다. 처치 시 대부분의 강아지가 몸부림을 치므로 여럿이 함께 하는 것이 좋습니다.

의사 선생님의 조언

털이 아닌 피부에 시트나 접착제가 붙는 경우도 있습니다. 이때 억지로 떼어 내면 피부에 상처가 날 수도 있으므로 병원에 데려가는 것이 좋습니다. 이 사고는 새끼 강아지나 실내견이 집에 혼자 있을 때나 주인의 눈이 닿지 않는 곳에서 일어나는 경우가 많으므로 항상 주의를 기울여야 합니다.

물에 빠졌어요

즉시 물을 토하게 합시다

강아지는 물에 들어가는 것을 매우 좋아합니다. 특히 여름에는 더위를 피해 강이나 연못에 들어가기도 하는데, 이때 생각지도 못한 사고가 날 수도 있습니다.

 ## 원인이 뭐예요?

● 산책 중 강이나 연못에서 놀다가 빠진 경우
● 욕조에 빠진 경우 등

 ## 무엇을 조심해야 하죠?

강아지는 물을 좋아해서 곧잘 수영을 하면서 노는데, 이때 방심하고 강아지에게서 눈을 돌리면 안 됩니다. 헤엄을 잘 치는 강아지도 예상 밖의 사고로 물에 빠질 수 있기 때문입니다.

또한, 수심이 깊은 곳에서만 사고가 일어나는 것이 아닙니다. 얕은

의심이 가면 바로 확인하세요

강아지의 몸 상태가 좋지 않을 때는 산책을 자제하고 만약 물에 들어가려고 하면 주인이 제지해야 합니다. 건강한 강아지라 하더라도 몹시 추운 날이나 큰비가 내려 하천에 물이 불었을 때는 사고로 이어지기 쉬우므로 주의해야 합니다. 욕조도 안전하지 않습니다. 물이 조금밖에 없더라도 강아지가 욕조에서 나오지 못하면 당황해서 공황 상태가 되어 물에 빠지는 경우도 있습니다.

이런 점을 유심히 살피세요

물에 빠졌다가 나와서 금방 멀쩡해진 것처럼 보여도 폐에 물이 찼을 가능성이 있습니다. 그대로 두면 폐렴 등으로 발전할 위험이 있으므로 병원에서 진찰을 받는 것이 좋습니다.

곳에서도 사고는 일어납니다. 몸이 생각대로 움직이지 않으면 강아지는 공황 상태에 빠져서 눈 깜짝할 사이에 물에 빠질 수도 있습니다.

응급처치 어떻게 하죠?

물에 빠진 강아지를 서둘러 물에서 건져 올립니다. 물에 빠지면 당황해서 코로 물을 빨아들이거나 마실 위험이 있습니다. 물에 빠졌을 때 필요한 적절한 응급처치를 알아봅시다.

① 거꾸로 안고 뒷다리를 들어 올려 폐에서 물이 빠져 나가게 합니다. (강아지가 커서 안을 수 없을 때는 옆으로 눕히고 다리를 들어 올려 토할 수 있게 해 줍니다.)

② 등이나 가슴을 두드려 봅니다.

③ 혀를 꺼내어 당겨 숨을 쉬는 데 방해가 되지 않도록 하고 입이나 코로 물을 토해 낸다면 전부 토해 내게 합니다.

④ 숨을 쉬지 않는다면 인공호흡을 하고(135쪽 참고) 즉시 병원으로 옮깁니다.

의사 선생님의 조언

140쪽에서도 언급하였듯 강아지가 욕조에 빠져서 화상을 입는 경우가 있습니다. 물이 채워진 욕조는 덮개를 덮어서 강아지가 욕조 안에 들어가지 못하도록 합시다. 욕조는 물이 적으면 안에서 빠져나오지 못하고 물이 채워져 있으면 익사 사고를 일으킬 수도 있는 매우 위험한 곳입니다.

발톱이 발바닥 패드를 파고들어요

며느리발톱이 발바닥 패드를 파고 들어가는 경우는 매우 많습니다. 평소에 발톱 관리를 소홀히 해서 일어나는 부상이니 항상 꼼꼼히 살펴 주세요.

원인이 뭐예요?

● 며느리발톱이 너무 길어서 발바닥 패드에 파고드는 경우 등

무엇을 조심해야 하죠?

발바닥 패드에 파고드는 발톱은 땅에 닿지 않고 공중에 떠 있는 며느리발톱입니다. 소형견은 며느리발톱이 앞발에만 있거나 없는 경우도 있습니다. 중대형견은 대체로 앞뒤 발 모두에 있어 더욱 신경 써야 합니다.

의심이 가면 바로 확인하세요

정기적으로 발톱을 깎는 것이 중요합니다. 한 달에 한 번 정도는 발톱을 점검합니다. 산책을 자주 하는 강아지는 며느리발톱 외의 발톱은 땅에 갈려 자연히 짧아지기도 합니다. 하지만 실내견이나 산책을 자주 하지 않는 강아지는 반드시 정기적으로 발톱을 깎아 주어야 합니다. 길게 자란 며느리발톱을 자를 때는 먼저 가위나 니퍼 등으로 선단을 자르고, 남은 부분을 애견용 발톱깎이로 다듬어 줍니다.

이런 점을 유심히 살피세요

며느리발톱은 땅에 닿을 일이 없어서 자주 산책을 해도 땅에 갈리지 않고 계속 자랍니다. 발견했을 때 이미 발톱이 소라처럼 돌돌 말린 상태로 깊숙이 패드를 파고들어간 경우도 있었습니다.

며느리발톱은 둥그렇게 말려 자라서 발바닥 패드를 깊이 찔러 버립니다. 밖에 산책하러 나갈 때에는 더욱 주의해야 합니다.

 ## 응급처치 어떻게 하죠?

발바닥 패드에 파고든 발톱 끝부분을 자르고 박힌 부분을 제거한 뒤 깨끗하게 씻어 주세요. 상처 부위에 출혈이 있다면 거즈 등으로 압박해서 지혈합니다. 흙 등으로 오염되지 않게 조심하세요. 강아지가 아파하면 한동안 산책을 자제합시다.

한 번 패드에 파고든 며느리발톱은 사람이 쓰는 손톱깎이는 물론 애견용 발톱깎이로도 자르기 힘듭니다. 이러한 경우를 예방하기 위해서라도 평소에 잘 관리해 주어야 합니다.

의사 선생님의 조언

수시로 관리하지 않으면 강아지는 발톱 자르는 것을 더 싫어하게 됩니다. 강아지가 어릴 때부터 정기적으로 잘라 주면 강아지도 점차 익숙해집니다. 발톱을 자를 때는 발톱을 빛에 비춰 보고 혈관이 있는 곳보다 끝부분을 자릅니다. 발톱 중심에 있는 붉은 부분에는 혈관과 신경이 있어서 자르면 강아지가 매우 아파 하고 피가 납니다.

갑자기 사고가 났을 때 주인이 당황하면 안 됩니다. 먼저 냉정함을 되찾고 침착하게 대응하세요. 아래 내용을 숙지해 두면 사고 시 큰 도움이 됩니다.

1 사고가 나면 강아지가 어느 정도 진정될 때까지 만지지 않습니다.

2 응급처치는 안전한 장소로 옮긴 뒤 시작합니다.

3 평소에 응급처치 방법을 숙지해 둡니다.

4 외상은 씻을 수 있는 곳이라면 물로 깨끗하게 씻어 냅니다.

5 출혈이 있다면 압박하여 지혈합니다.

6 강아지가 심하게 발버둥을 칠 때는 가족이나 여럿이 힘을 합쳐서 처치합니다.

7 응급처치 후에도 상태가 급변할 수 있으므로 주의를 기울입니다.

8 부상 후에는 당분간 산책을 자제합니다.

9 사고, 부상이 일어난 원인을 되짚어 보고 재발하지 않도록 해야 합니다.

10 산책로를 항상 주의 깊게 살핍니다.

나이, 성별에 따른 질병들

● 새끼 강아지의 질병

새끼에게는 더 빠르게 대처해야 합니다

토해요 · 설사해요

새끼 강아지는 병이 걸렸을 때 외에도 과식이나 기후의 급격한 변화 등 일상 속의 작은 변화에도 토를 하거나 설사를 하므로 각별히 주의해야 합니다.

원인이 뭐예요?

● 기생충증 ● 바이러스성 질환 ● 세균성 질환 ● 위장염 ● 소화불량
● 스트레스 ● 급격한 기후 변화 등

증상을 어떻게 알죠?

새끼 강아지는 위장 기능이 아직 완전히 발달하지 않아서 설사나 구토를 자주 합니다. 원인은 매우 다양하며, 증상이 계속되면 탈수 증상이 나타납니다. 그렇게 되면 자연적으로 회복하기 어려워지고 치료도 오래 걸리므로 그 전에 빨리 대처해야 합니다.

의심이 가면 바로 확인하세요

강아지의 배 속에 기생충이 있을지도 모릅니다. 만약 토를 하거나 설사를 한다면 반드시 검변을 통해 확인해야 합니다.

새끼 강아지는 저항력이 약합니다. 치명적인 바이러스에 감염되면 회복하기 어려우므로 백신 접종으로 예방할 수 있는 질병은 모두 예방합시다. 또한 먹이의 양, 횟수, 시간을 확실히 정하고 규칙적인 생활을 하는 것이 좋습니다.

이런 점을 유심히 살피세요

새끼 강아지는 소화 능력이 아직 완전히 발달하지 못했습니다. 따라서 한 번에 너무 많이 먹거나, 먹이를 갑자기 바꾸거나, 기름진 것이나 간식을 많이 먹거나, 물을 너무 많이 마셔도 소화불량, 위장염 등을 일으켜서 토나 설사를 합니다.

새끼는 작은 변화에도 예민하게 반응하므로 각별한 주의가 필요합니다.

 ## 어떻게 하면 나을까요?

위장 상태가 좋지 않을 때는 부드럽고 소화가 잘되는 먹이를 소량씩 여러 번에 나눠서 먹입니다. 또 물을 너무 많이 주거나 차가운 물을 주는 것도 좋지 않습니다. 토나 설사를 한 번만 하고 그쳤다면 당분간 상태를 지켜봅니다. 만약 계속 반복되고 기운도 없어 보이면 각별한 주의가 필요합니다.

구토나 설사에 피나 점액이 섞여 나오는 등 평소와 상태가 다른 것도 위험 신호입니다. 토나 설사를 한 시간, 횟수를 적은 종이와 토사물, 변을 가지고 병원에 데려갑시다.

의사 선생님의 조언

환절기가 되면 기온의 변화로 강아지의 체력이 크게 소모됩니다. 아침저녁으로 쌀쌀할 때는 특히 조심하세요. 에어컨을 너무 세게 트는 것도 좋지 않습니다.

또 한 번에 많은 양의 먹이를 먹지 못하니 1일 적정량을 숙지하고 3번 정도로 나눠 주세요.

2 열이 나요

열은 상태 이상의 신호입니다

● 새끼 강아지의 질병

새끼 강아지는 열이 나면 축 늘어지고 밥도 먹지 못합니다. 강아지의 몸 상태가 좀 이상하다 싶으면 바로 체온을 확인합시다.

원인이 뭐예요?

● 바이러스성 감기 ● 세균성 감기 ● 위장염 ● 열사병 ● 외상 등

증상을 어떻게 알죠?

열이 있는 것은 몸 어딘가에 문제가 있다는 신호입니다. 새끼 강아지는 아직 스스로 체온을 잘 조절하지 못하므로 항상 쾌적하게 지낼 수 있도록 신경을 써 주어야 합니다. 열이 있으면 입을 크게 벌리고 헥헥거리며 호흡이 빨라집니다.

의심이 가면 바로 확인하세요

새끼 강아지는 기본적으로 성견보다 평소 체온이 조금 높습니다. 따라서 평소 체온을 알아 두는 것이 좋습니다. 강아지의 상태가 이상할 때 체온으로 질병을 조기에 발견할 수도 있습니다.

이런 점을 유심히 살피세요

겨울에 차가운 바닥에서 자면 추워서 감기에 걸릴 수도 있습니다. 수건을 두껍게 깔아 주거나, 전기장판 등으로 따뜻하게 해 주세요.

반대로 여름에는 충분히 환기를 시키거나 에어컨을 틀어 주어야 열사병에 걸릴 위험이 없어집니다.

어릴 때는 체온 조절이 서툴기 때문에 한여름에 밖에 두는 것도 위험합니다.

 ## 어떻게 하면 나을까요?

★ **체온 재는 법**
- 강아지의 체온은 항문으로 잽니다.
- 강아지가 안정되었을 때 체온을 잽니다. 놀고 난 후나 흥분했을 때는 건강에 이상이 없어도 체온이 높게 나옵니다.
- 항문에 동물용 체온계를 수은이 보이지 않을 정도까지 넣습니다.
- 1분 정도 그대로 둡니다.
- 1분 후 체온계를 빼내어 눈금을 읽어 주세요.

백신 접종이 가능한 바이러스성 감기는 전부 예방주사를 맞히세요. 갑자기 상태가 악화되는 경우도 있으니 잘 살펴보세요. 또 열이 있을 때는 안정을 취하게 하고, 소화가 잘되는 먹이를 줍시다.

의사 선생님의 조언

체온계가 잘 안 들어갈 때는 크림 등을 체온계 앞쪽에 발라 보세요. 체온을 잴 때 강아지가 몸부림을 치면 두 명이 잽시다. 한 명이 강아지의 머리를 쓰다듬어 주는 등 강아지의 관심을 다른 곳으로 돌려 주세요. 열사병이 아닌 다른 이유로 열이 날 때 물을 뿌리거나 몸을 식히면 한기를 느낄 수도 있으므로 삼갑니다.

2 열이 나요

기운이 없어요

● 새끼 강아지의 질병

분명 원인이 있으니 잘 살펴봅시다

새끼 강아지가 항상 기운이 없다면 병이 있는 것일 수도 있습니다. 한편, 갑자기 기운이 없어졌다면 일상생활에 변화가 있는지 확인하세요.

원인이 뭐예요?

● 저혈당증 ● 스트레스 ● 각종 선천성 질환 ● 부상
● 바이러스성 질환 ● 세균성 질환 등

증상을 어떻게 알죠?

새끼 강아지는 자고 있을 때를 빼고는 매우 활발합니다. 처음 집에 데리고 왔을 때부터 계속 기운이 없다면 선천적인 질병이 있거나 이미 어떤 바이러스에 감염되어 있는 것일 수도 있습니다. 반면, 어느 날 갑자기 기운이 없어졌다면 일상생활 속에 변화나 문제가 있었는지 생각해 봅시다.

의심이 가면 바로 확인하세요

먹는 양이 줄거나 변이 묽어진 것은 몸 어딘가에 이상이 있다는 증거입니다.

새끼 강아지는 '자는 것이 일'이라고 할 만큼 많이 잡니다. 이는 앞으로 크고 튼튼하게 자라기 위한 중요한 시간입니다. 귀엽다며 모두가 돌아가면서 데리고 놀면 원래 건강한 강아지라도 체력에 무리가 올 수밖에 없습니다. 기운이 없어 보인다면 충분한 휴식을 취할 수 있게 해 주세요.

이런 점을 유심히 살피세요

새끼는 체력이 극단적으로 떨어지면 혈액 중의 혈당치가 급격하게 떨어지며 저혈당증이 오며 갑자기 축 늘어집니다. 평소에 충분한 수면과 휴식을 취하게 하는 것이 무엇보다 중요합니다.

어떻게 하면 나을까요?

　혹시 아이가 계속 강아지를 데리고 놀고 있지 않나요? 이는 새끼 강아지의 체력에 매우 부담이 됩니다. 또한 생각지도 못한 사고가 발생할 수도 있으므로 절대 눈을 떼면 안 됩니다.

　새끼 강아지가 바이러스나 세균에 감염되면 설사, 구역질, 기침, 재채기 등의 증상이 나타나기 전에 기운이 없어지고 축 늘어집니다. 2차 감염을 일으킬 수도 있으므로 빨리 병원에 데려가야 합니다.

의사 선생님의 조언

　기운이 없는 증상은 매우 다양한 원인이 있을 수 있으며, 발견하지 못한 병이 있을지도 모릅니다. 또한 가벼운 감기라도 진행이 빨라 쉽게 악화되는 경우가 많습니다.

　하루가 지나도 건강이 회복되지 않거나 원인을 알 수 없을 때는 즉시 수의사와 상담하는 것이 좋습니다.

콧물이 나와요

●새끼 강아지의 질병

초기 감기가 의심됩니다

콧물은 감기의 초기 증상일 수도 있습니다. 건강하더라도 안정을 취하게 하고 소화가 잘되는 먹이로 바꿔 주는 등 건강 관리에 신경 쓰세요.

원인이 뭐예요?

●바이러스성 감기 ●세균성 감기 ●비염 ●축농증
●알레르기성 비염 등

증상을 어떻게 알죠?

강아지의 콧물로 가장 쉽게 예상되는 것은 감기입니다. 하지만 감기 외에도 세균성 질환, 코질환 등 여러 가지 원인을 예상할 수 있습니다.

의심이 가면 바로 확인하세요

강아지가 콧물이 나거나 재채기를 한다면 '켄넬코프'라는 바이러스성 감기일 가능성도 있습니다. 이 바이러스는 백신으로 예방할 수 있으니 반드시 맞히도록 합니다. 만약 백신을 맞지 않으면 다른 강아지에게 옮거나 옮길 수도 있습니다.

이외에도 예방할 수 있는 질병은 전부 예방해 두는 것이 좋습니다.

이런 점을 유심히 살피세요

콧물 상태도 여러 가지가 있습니다. 투명하고 물 같은 콧물은 초기이거나 일시적입니다. 반대로 처음부터 끈끈한 황녹색의 콧물이 나온다면 비염이 진행된 상태이거나 축농증일 가능성이 높습니다. 콧물에 피가 섞여 나오는 것도 코의 점막이 약해진 상태입니다. 이처럼 콧물에 따라서도 상태를 알 수 있으니 주의 깊게 관찰하세요.

먼지나 꽃가루 등에 민감한 강아지는 초봄이 되면 그로 인해 콧물을 흘리기도 합니다. 또한, 겨울과 같이 건조할 때는 코의 점막이 약해져서 감기에 걸리기 쉬우므로 주의하세요.

 어떻게 하면 나을까요?

콧물이 나올 때는 체력이 떨어져 있는 경우가 많습니다. 안정을 취하게 하고 체력 회복에 집중하세요. 콧물을 방치하면 만성 비염이 되는 등 점점 낫기 어려워지므로 초기에 치료하는 것이 좋습니다.

또한 알레르기성 비염도 콧물이나 재채기가 많이 나옵니다. 알레르기의 원인은 집먼지, 꽃가루 등 매우 다양합니다. 짐작이 가는 원인을 제거하며 강아지의 상태를 살펴보세요. 그리고 수의사와 상담하여 항알레르기제나 소염제를 투여합시다.

의사 선생님의 조언

새끼 강아지는 단순한 감기라도 순식간에 증세가 악화되므로 방심하면 안 됩니다.

한편, 건강해도 긴장하면 물 같은 콧물을 흘리는데 이것은 정상적인 생리 현상이므로 걱정하지 않아도 됩니다.

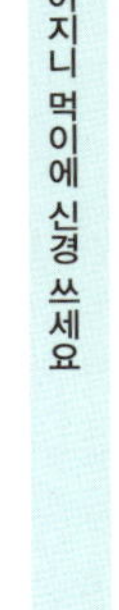

원인이 뭐예요?

● 기생충증

증상을 어떻게 알죠?

갑자기 토를 해서 보니 토사물 안에 하얀 지렁이 같은 벌레가 있어서 깜짝 놀라는 경우가 있습니다. 토하는 벌레는 대부분 개회충이라는 기생충으로 보통은 소장에 기생하지만 위가 있는 곳으로 올라오기도 합니다.

의심이 가면 바로 확인하세요

벌레를 토하는 것은 소화기관이 기생충에 감염되어 있다는 증거입니다. 정기적으로 검변을 받도록 합니다. 강아지 배 속에 기생충이 있으면 복통이나 설사, 구역질, 영양부족 등의 증상을 보입니다. 또 배가 부푸는 경우도 있으니 유심히 살펴 봅시다.

이런 점을 유심히 살피세요

기생충에 감염되면 장 상태가 나빠질 뿐만 아니라 섭취한 영양분을 기생충에게 빼앗겨 버립니다. 따라서 제대로 밥을 먹어도 발육이 좋지 못하고 건강한 몸을 만들지 못합니다.

어릴 때 하는 식사는 성장으로 직결되어 평생의 건강 기반을 다지는 중요한 일입니다. 먹이를 먹는 모습을 관찰하고 평소 강아지의 식욕 상태에 관심을 기울이세요.

● 새끼 강아지의 질병

벌레를 토했어요

배 속에 기생충이 있다는 증거입니다

입에서 벌레를 토했다면 배 속에 기생충이 있는 것입니다. 즉시 구충을 해야 합니다. 기생충이 있으면 장이 계속 나빠질 뿐만 아니라 밥을 먹어도 영양분을 빼앗깁니다.

배 속에 기생충이 늘어나면 토를 합니다. 토한 기생충의 양은 얼마 안 되어도 장 안에는 많은 수가 기생하고 있을 가능성이 높습니다. 이 때문에 장내에 비정상적으로 가스가 발생하여 강아지의 배가 팽팽하게 부풀기도 합니다.

 어떻게 하면 나을까요?

병원에 가서 토사물과 함께 변도 검사해 봅시다. 기생충이 확인되면 즉시 구충을 합니다. 변 상태가 좋지 않을 때는 정장제나 소화제를 병용하기도 합니다. 개회충은 주로 소장에서 영양분을 흡수하므로 소장 점막에 염증을 일으키고 있을 가능성도 있기 때문입니다. 또 이 기생충은 어미개의 태반이나 모유로부터 감염되었을 가능성도 있어서 형제와 어미를 함께 구충하지 않으면 재감염될 수도 있습니다.

● 의사 선생님의 조언 ●

건강한 강아지도 정기적인 검변을 해야 합니다. 변은 기생충 발견뿐만 아니라 건강 상태를 아는 척도입니다. 개구충도 어린 강아지에게 자주 발생하는 기생충증입니다. 기생충을 토하는 일은 드물지만, 장의 점막을 심하게 상처 입혀서 혈변을 볼 수도 있으므로 서둘러 구충을 해야 합니다.

한줄정보

기생충이 있으면 식욕이 들쑥날쑥하고 딸꾹질을 하기도 해요

❺ 벌레를 토했어요

●새끼 강아지의 질병

호흡이 거칠어요

호흡이 너무 빠르면 위험한 신호입니다

새끼 강아지는 원래 성견보다 호흡이 빠릅니다. 그리고 흥분하거나 열이 있으면 즉시 호흡에 변화가 나타납니다. 호흡이 거칠어지는 것은 몸 상태가 안 좋다는 증거입니다.

원인이 뭐예요?

●연구개과장증 ●발열 ●외상 ●심장질환 ●코질환 ●폐렴
●기관지염 ●너무 높은 기온 등

증상을 어떻게 알죠?

흥분하거나 운동한 후도 아닌데 헥헥거린다면 강아지 몸에 이상이 있는 것입니다. 열은 없는지, 호흡을 힘들어하는지, 아파하는 곳은 없는지 꼼꼼히 확인해 보세요.

기관이나 폐에 염증이 있으면 호흡이 힘들어져서 쌕쌕거리는 소

의심이 가면 바로 확인하세요

평상시에도 호흡이 거칠다면 선천적인 병이 있을 가능성이 있으니 잘 살펴보세요. 또한, 건강하다 하더라도 식사와 변 상태 등을 평소에 꾸준히 관찰하면 질병에 걸리더라도 조기에 이상을 발견할 수 있습니다.

주인이 외출했다 돌아오면 강아지가 흥분해서 호흡이 거칠어지기도 합니다. 잠시 후 평소대로 돌아온다면 걱정하지 않아도 됩니다.

이런 점을 유심히 살피세요

단두종 강아지가 호흡이 거칠다면 연구개과장증이라는 선천적인 병일 가능성이 있습니다. 흥분하거나 자고 있을 때 쌕쌕거리며 코를 곤다면 검사해 보는 것이 좋습니다.

리를 내며 숨을 쉽니다.

비염이나 콧물 때문에 입으로 숨을 쉬는 것일 수도 있으며 빨리 치료해야 합니다. 너무 더워도 호흡이 거칠어집니다. 또한 심장에 선천적인 질병을 앓고 있어도 호흡하기 힘들어 합니다. 이때 입의 점막이나 혀는 보라나 푸른빛을 띱니다.

 어떻게 하면 나을까요?

새끼 강아지를 쉬게 하고 호흡이 안정되는지 지켜보세요. 계속 숨 쉬는 것이 힘들면 강아지는 매우 괴롭습니다. 안정 시에도 호흡이 거칠고 원인을 알 수 없을 때, 계속 호흡이 거칠 때는 빨리 병원에 가 보세요.

비염, 기관지염, 폐렴은 항생제나 소염제로 치료할 수 있습니다. 하지만 선천적인 심장질환이 있는 경우에는 병의 정도에 따라 치료가 어려울 수도 있습니다.

의사 선생님의 조언

연구개과장증은 수술로 치료할 수 있습니다. 하지만 이후에도 강아지를 지나치게 흥분시키지 말고, 격렬한 운동을 피하는 등 주의를 기울여야 합니다.

또 기운이 없거나 가만히 있는데도 호흡이 거칠다면 실내 온도가 너무 높거나 어딘가 다쳤을 가능성도 있습니다.

● 노령견의 질병

계단을 못 올라가요

무리하게 올라가게 하면 안 됩니다

노령견이 계단을 올라가지 못한다면 뼈나 관절에 문제가 생긴 것일 수도 있습니다. 그러면 턱이 높은 곳, 의자, 테이블 등을 오르내릴 때 위험합니다.

원인이 뭐예요?

●척추, 관절염 ●척추, 관절의 노령성 변형 ●시력 저하 등

증상을 어떻게 알죠?

나이가 많이 들면 강아지도 관절의 유연성이 떨어지고 염증이나 변형 등이 일어나서 움직이는 것을 귀찮아하고 계단을 싫어하게 됩니다. 이런 관절의 변형이나 염증은 소형견에게는 무릎관절, 대형견에게는 엉덩관절에 많이 일어납니다. 계단을 오르지 못하게 되는 것

의심이 가면 바로 확인하세요

산책할 때 다리를 끌며 걷나요? 또, 등이나 허리를 만지면 싫어하나요? 만약 그렇다면 관절이나 뼈에 염증이나 변형이 있을지도 모릅니다.

한편, 눈이 잘 보이지 않아서 계단을 싫어하는 경우도 있습니다. 이 경우 낮은 턱이나 장애물을 피하지 못해서 걸려 넘어지거나 부딪히게 됩니다.

이런 점을 유심히 살피세요

시력이 나빠지면 높이 차이 등의 거리감을 파악하기 어려워지는데 그 때문에 계단을 싫어하게 됩니다. 몸에 특별한 이상이 없다면 시력을 확인해 보세요.

뿐만 아니라 걸음걸이가 이상해지거나 비틀거리며 걷기도 합니다.
또 척추는 노화와 함께 변형되어 통증을 일으키는 경우도 있습니다.

 ## 어떻게 하면 나을까요?

강아지가 나이가 들면 젊을 때만큼 산책이 많이 필요하지 않습니다. 오히려 젊을 때처럼 무리하게 운동을 시키면 강아지의 몸에 부담을 주게 됩니다. 적절한 운동을 시키고 높이가 있는 장소나 걷기 어려운 장소는 피하도록 합니다.

염증이나 통증은 약으로 개선되는 경우가 많으므로 수의사와 상담하세요. 또한 척추가 노화로 변형되어 추간판헤르니아를 일으키기 쉬워집니다. 몸을 움직일 때 아파하면 진정제나 소염제를 투여하기도 합니다.

의사 선생님의 조언

계단뿐만 아니라 의자나 테이블 등을 오르내리는 것도 좋지 않습니다. 노령견은 건강하더라도 관절이나 뼈 등에 강한 충격이 가해지면 사고로 이어질 수 있습니다.

한편, 강아지의 관절염을 완화하는 치료식이나 영양보조식품도 있으므로 수의사와 상의하여 사용을 고려해 보세요.

● 노령견의 질병

검은 눈동자가 하얘졌어요

눈이 안 보일 수도 있습니다

동물은 눈동자 검은 부분에서 빛을 받아들여서 사물을 봅니다. 검은 눈동자가 흐려지면 사물이 잘 보이지 않게 됩니다. 이 증상은 노령견에게 흔히 나타납니다.

 원인이 뭐예요?

● 백내장　● 각막염　● 각막궤양 등

 증상을 어떻게 알죠?

나이가 들면서 수정체가 하얗게 흐려지는 강아지가 있습니다. 약간의 백탁부터 새하얘지는 것까지 진행이나 정도는 강아지에 따라 다릅니다. 원인은 백내장으로 노령견에게 많은 눈 질병입니다. 초기에는 육안으로는 잘 확인되지 않으며, 강아지의 일상생활에도 아무

 **의심이 가면 바로 확인하세요**

백내장으로 검은 눈동자가 흐려지면 눈이 잘 안 보여서 모르는 길이나 어두운 길을 싫어하는 등 강아지의 행동에 변화가 나타납니다. 진행되면 검은자가 새하얘지고 앞이 전혀 보이지 않게 될 수도 있습니다.

 **이런 점을 유심히 살피세요**

눈에 상처가 나고 악화되면 상처 부위가 하얗게 흐려지면서 점점 퍼지는 경우가 있습니다. 내버려 두면 염증으로 눈에 궤양이나 천공이 생기므로 주의해야 합니다.

또 강아지가 통증을 느껴 스스로 비비거나 세게 긁어서 더욱 악화되기도 합니다. 강아지의 행동에 이상한 점이 눈에 띄면 병원에 데리고 가는 것이 좋습니다.

런 지장이 없습니다. 하지만 증상이 진행되면 자주 부딪히거나 움직임이 조심스러워지는 시력장애를 보입니다.

 ## 어떻게 하면 나을까요?

백내장 수술은 시력 회복이 목적이므로 일반 병원이 아닌 전문의가 있는 병원을 소개받아서 수술을 진행합니다. 백내장의 진행을 늦추는 안약도 있으므로 수의사와 상담하세요.

각막염 치료는 점안약과 내복약으로 합니다. 각막궤양이 심하게 진행되면 각막을 보호하기 위해서 수술을 하는 경우도 있습니다. 내버려 두면 치료가 어려워지므로 조기에 치료를 시작하는 것이 좋습니다.

의사 선생님의 조언

눈이 잘 안 보인다면 산책을 하거나 모르는 곳에 데리고 갈 때 특히 주의하세요. 주인이 강아지의 눈을 대신해 줘야 합니다. 노령성 백내장은 5~6세 정도부터 증상이 나타나기 시작합니다. 정기 검진으로 초기에 발견하는 것이 중요합니다.

한줄정보 녹내장이 발병하면 강아지가 통증을 느끼고 눈을 비비는 행동을 해요

8 검은 눈동자가 하얘졌어요

● 노령견의 질병

치매 증상을 보여요

다 함께 간호를 해야 합니다

강아지도 수명이 늘어 인간과 같이 치매가 생기게 되었습니다. 나이가 들면 치매 증상이 나타나고 이때 특히 자주 보이는 증상이 있습니다.

 ## 원인이 뭐예요?

● 노화에 따른 치매 증상

 ## 증상을 어떻게 알죠?

강아지가 치매에 걸렸을 때 나타나는 주요 증상을 알아봅시다.

- 성격이 변한다. (표정이 없어짐)
- 좁은 곳에 들어가서 나오지 못한다. (불러도 나오지 않음)
- 낮에 자고 밤에 활동한다.

의심이 가면 바로 확인하세요

강아지가 밤낮이 바뀌기 시작하면 주의해야 합니다. 대부분 치매가 시작되면 낮에 자고 밤이 되면 늑대처럼 큰 소리로 울어 댑니다. 강아지의 이러한 행동은 주인은 물론 이웃에게도 폐를 끼쳐서 문제가 됩니다.

또한 스트레스로 인한 치매는 잠자리가 바뀌거나 항상 사용하던 수건을 바꾸는 등 주변 환경의 작은 변화로 일어나기도 하니 잘 살펴보세요.

 **이런 점을 유심히 살피세요**

치매의 진행은 강아지에 따라 차이를 보입니다. 예를 들어 식욕이 몹시 왕성해지거나 집 안을 정처 없이 배회하는데, 이에 주인이 당황하는 경우가 많습니다.

치매에 걸린 강아지를 간호하는 것은 주인의 육체나 정신적으로 부담이 되는 일입니다. 힘들거나 문제가 생기면 가족이나 병원 등에 상담하고 서로 협력하여 강아지를 보살펴 주세요.

- 큰 소리로 계속 울어 댄다.
- 같은 곳을 빙글빙글 돈다.
- 식욕이 매우 왕성해진다.
- 대소변을 참지 못하고 무의식중에 배설을 하거나 아무 데서나 배설을 한다.
- 몸을 움직이는 것을 귀찮아하며, 점점 일어나지 못하게 된다.

 어떻게 하면 나을까요?

치매 증상을 보이면 먼저 수의사와 상담해야 합니다. 강아지를 진정시키기 위한 약 등 치료법을 정하고 그 밖의 문제점도 수의사와 상담하여 강아지를 보살펴 줍시다.

한편, 치매가 아니라 스트레스 때문에 이러한 행동을 보이는 경우도 있습니다. 강아지의 주변 환경에 변화가 없는지 살펴보세요. 생활에 변화가 생기면 강아지는 스트레스를 받아 주인에게 불안을 호소하기도 합니다. 강아지에게 익숙한 환경을 조성해 줍시다.

의사 선생님의 조언

노령견은 계속 건강했더라도 오늘 밥을 먹었는지 대소변은 평소와 다름없는지 등 항상 몸 상태를 점검해 주세요.

또 정처 없이 돌아다니거나 좁은 곳에 들어가서 다칠 수도 있으므로 가정 내에서도 충분히 관심을 두고 지켜봐 주어야 합니다.

자리에서 못 일어나요

의지가 되는 것은 가족뿐입니다

강아지가 일어나지 못하는 것은 큰 문제입니다. 이렇게 되면 강아지는 모든 것을 주인에게 의지해야 합니다. 가족들이 협력하여 마지막까지 따뜻하게 보살펴 주세요.

원인이 뭐예요?

● 치매 증상 ● 각종 질병의 말기 등

증상을 어떻게 알죠?

계속 누워 있으면 어깨, 허리의 관절 등 돌출된 곳에 지속적으로 압박이 가해져서 혈액순환이 잘 안 되어 욕창이 생깁니다. 수시로 몸을 뒤집어 주고, 몸을 마사지하거나 다리를 움직여서 자극을 주는 것이 좋습니다.

의심이 가면 바로 확인하세요

172쪽에서도 언급했듯이 치매가 진행되면 누운 채 못 일어나는 경우가 많습니다. 또한 치매 외의 다른 질병이 진행되어도 이 같은 상황이 일어나기도 합니다. 노령견은 병이 빠르게 진행되는 경우가 많으므로 모든 질병을 초기에 치료하는 것이 좋습니다.

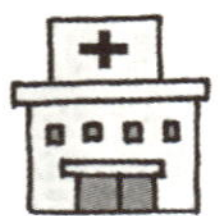

이런 점을 유심히 살피세요

강아지가 움직이지 못하게 되면 평소 밖에서 키우던 강아지라도 집 안으로 들여 줘야 합니다. 밖에 두면 꼼꼼히 살펴보기 어려워서 제대로 간호하기 힘듭니다.

강아지를 딱딱한 바닥에 그대로 눕히지 말고 담요나 수건 등 부드러운 것을 깔고 뉘여 주세요. 공기나 물이 들어 있는 매트 위에 눕히는 것도 좋습니다. 이렇게 하면 몸의 돌출된 부분에 압박이 가해지는 것을 막을 수 있습니다.

또 식사나 배변도 누운 채로 하게 되어 입 주변이나 엉덩이가 더러워지기 쉬우므로 주의를 기울입니다.

 ## 어떻게 하면 나을까요?

만약 욕창이 생겼다면 상처 부위를 소독하고 거즈를 대 주는 등 청결을 유지해 줍니다. 욕창은 부위가 작아도 절대로 지면에 직접 닿으면 안 됩니다. 도넛 모양의 얇은 쿠션을 만들어서 상처 부위에 깔아 직접 압박되지 않게 해 주세요.

상태가 더욱 악화되어 먹이를 스스로 먹지 못하게 되면 하루 2~3번으로 나누어서 충분한 수분과 함께 먹여 주세요.

무의식중에 대소변을 보기도 하는데 애견 기저귀 등을 구매해서 사용하면 됩니다.

의사 선생님의 조언

강아지가 움직이지 못하게 된 만큼 음식으로 즐거움을 주면 좋습니다. 하지만 변비가 되기 쉬우므로 이때는 섬유질이나 수분이 많이 포함된 음식을 주어야 합니다. 움직이지 못하는 강아지를 간호하는 것은 정신적, 육체적으로 매우 힘든 일이지만 가족 전원이 협력하여 소중한 반려견을 마지막까지 따뜻하게 지켜 주세요.

항문 주위에 뭐가 났어요

● 수컷의 질병

수컷에게서 흔히 보이는 질병의 하나로, 항문 주위에 종기 같은 것이 생길 때가 있습니다. 커지거나 수가 늘어날 수 있으므로 잘 살펴보세요.

원인이 뭐예요?

● 항문주위선종

증상을 어떻게 알죠?

수컷의 항문 주위나 꼬리뼈 부근에 종기 같은 것이 생길 때가 있습니다. 그리고 이것이 크기가 커지거나 수가 늘어나기도 하고 가끔 파열되거나 염증을 일으키는 경우도 있는데, 이는 항문주위선종이라는 질병일 가능성이 높습니다.

의심이 가면 바로 확인하세요

종종 강아지의 엉덩이 부근을 점검하세요. 중성화수술을 하지 않은 강아지는 특히 주의해야 합니다.

눈으로 보이지 않아도 만지면 응어리가 느껴지기도 합니다. 이렇게 평소에 점검하면 조기 발견, 조기 치료로 이어집니다. 또, 양성이라도 내버려 두면 악성화될 수 있으므로 주의해야 합니다.

이런 점을 유심히 살피세요

대체로 중성화수술을 하지 않은 중고령의 수컷에게 많이 생깁니다. 이 병은 남성 호르몬과 관련되어 발생하므로 중성화수술로 발생 확률을 낮출 수 있습니다.

이 병에 걸리면 항문 주위를 핥거나 엉덩이를 문지르는 행동을 보이고 곪아서 고약한 냄새를 풍기기도 하며, 변비에 걸리기 쉬워집니다.

 ## 어떻게 하면 나을까요?

항문주위선종은 내버려 두면 종양이 커지거나 수가 늘어날 수도 있습니다. 그렇게 되면 치료도 더 힘들어지므로 조기에 수술하는 것이 좋습니다. 이 병은 남성호르몬과 관련되어 있으므로 중성화수술도 동시에 하도록 합니다. 이 종양이 악성이라면 수술해도 재발하거나 전이될 수 있습니다.

드물지만 암컷에게 생기는 경우도 있으므로 주의해야 합니다.

의사 선생님의 조언

꼬리가 아래로 처져서 항문부의 통기가 잘 안 되고 똥이 묻기 쉬운 강아지는 특히 주의해야 합니다.
강아지가 변을 본 뒤에 항문 주위를 부드러운 물티슈로 닦아 주는 것도 하나의 예방법입니다.

고환이 하나밖에 없어요

● 수컷의 질병

고환이 처음부터 하나밖에 없거나, 양쪽 다 없는 수컷도 있습니다. 고환은 음낭에 들어 있어서 눈으로 확인하기 어렵습니다.

원인이 뭐예요?

●잠복고환(정소정체) 등

증상을 어떻게 알죠?

생후 1~2개월 이상의 수컷을 기르는 경우 음낭을 만져서 고환이 2개 있는지 확인하세요. 고환이 음낭에 하나밖에 없거나 모두 없다면 고환이 배 속에 있을 수도 있습니다. 고환이 배 속에 있으면 온도가 너무 높아서 정자를 정상적으로 만들지 못합니다. 따라서 음낭으

의심이 가면 바로 확인하세요

정상 수컷도 태어난 직후에는 음낭 내에 고환이 없습니다. 즉 갓 태어난 수컷의 음낭은 비어 있습니다. 대부분 생후 1~2개월 정도에 배 속에 있던 고환이 서경관이라고 하는 관을 통과해서 음낭 안으로 내려옵니다.

따라서 생후 1~2개월 정도가 되면 직접 음낭을 만져 보고 고환의 유무를 확인해야 합니다.

이런 점을 유심히 살피세요

잠복고환은 성호르몬이 부족하거나 고환을 음낭 안으로 내리는 기관이 발달하지 못한 원인으로 발생합니다. 이 질병은 유전된다고 알려져 있습니다.

로 내려와 밖으로 돌출되어야 하는 것입니다. 이렇게 내려오지 않는 것을 잠복고환이라
합니다.

어떻게 하면 나을까요?

잠복고환은 정자를 만들지 못합니다. 또 고환이 하나밖에 없거나 양쪽 모두 없으면
종양화될 가능성이 높습니다. 이럴 때는 제거 수술을 추천합니다.

생후 1~2개월쯤 고환이 음낭으로 내려오는 것이 정상입니다. 1살이 되어도 음낭 내
에 고환이 없다면 앞으로도 이 상태가 지속될 가능성이 높습니다. 잠복고환은 본래의
정소 활동을 하지 못할 뿐만 아니라 종양화되는 등 몸에 나쁜 영향을 끼칠 수도 있으므
로 주시해야 합니다.

변을 잘 못 봐요

중성화수술을 안 한 강아지에게 많습니다

수컷에게는 전립선이라는 기관이 있습니다. 중성화 수술을 하지 않으면 나이가 들어서 개의 몸에 문제를 일으킬 위험이 있으므로 유심히 살펴야 합니다.

원인이 뭐예요?

● 전립선비대 ● 전립선종양 ● 전립선낭포 등

증상을 어떻게 알죠?

전립선은 수컷에게만 있는 기관으로 정액의 성분을 만듭니다. 즉 성호르몬의 영향을 강하게 받는 기관입니다. 강아지의 전립선은 원래 크기가 큰 편이며 비대해지면 각종 문제를 일으킵니다.

전립선비대는 주로 나이가 든 수컷에게서 많이 보이며 남성호르

의심이 가면 바로 확인하세요

전립선비대 초기에는 변을 잘 보지 못하거나 납작하게 눌린 변을 보는 등의 증상이 나타납니다. 또 전립선에 종양이 생기거나 고름이 차면 소변이 탁해지거나 잘 안 나오기도 합니다.

이런 점을 유심히 살피세요

전립선이 비대해져 안에 큰 액체 주머니인 공포가 생기거나 고름이 차기도 하는데 이렇게 되면 강아지는 불편함과 통증을 느낍니다. 또, 전립선 자체가 종양화되는 경우도 있습니다.

어떤 경우든 병이 진행되면 변이 잘 나오지 않고 가끔은 소변도 잘 안 나오게 됩니다. 증상이 더 진행되면 치료가 매우 어려워지므로 빨리 치료를 시작하세요.

몬의 영향으로 전립선이 비대해져 발생합니다. 따라서 중성화수술을 하지 않았을 때 많이 발생합니다.

어떻게 하면 나을까요?

비대해진 전립선은 옆에 있는 직장이나 방광을 압박하여 대소변이 잘 안 나오게 합니다. 증상이 나타나면 즉시 치료를 시작해야 합니다. 내복약도 있으므로 수의사와 상담하세요. 약으로 치료할 수 없을 때에는 수술로 전립선을 적출하는 경우도 있습니다.

변을 잘 보지 못할 때는 최대한 빨리 약을 먹여 증상을 완화하는 것이 중요합니다. 너무 비대해지면 약이 잘 듣지 않는 경우도 있습니다.

의사 선생님의 조언

소변이 잘 안 나올 때는 전립선 외의 문제가 있을 수도 있습니다. 요도나 방광의 결석, 염증 등이 예상되므로 이점을 유심히 살피세요.

또한 전립선질환은 계절과 관계없으나, 신장이나 방광 등 비뇨기 관련 문제는 겨울에 많으므로 겨울에는 특히 주의를 기울여야 합니다.

● 수컷의 질병

고환이 부었어요

강아지의 행동에서 알 수도 있습니다

고환이 붓기 시작하면 강아지는 불편함이나 통증을 느끼고 고환을 핥기도 합니다. 하지만 이런 증상을 전혀 보이지 않는 경우도 있습니다.

원인이 뭐예요?

●음낭염 ●정소염 ●정소종양 등

증상을 어떻게 알죠?

음낭염이나 정소염 등의 염증일 가능성이 높습니다. 다치거나 베인 상처에 세균이 들어가서 염증을 일으키게 되는데, 이때 강아지는 열과 통증으로 만지면 싫어합니다. 또 움직이면 아파서 걷는 것을 싫어하고 뒷다리를 끌기도 합니다.

의심이 가면 바로 확인하세요

식욕이 없고 걷는 것을 싫어하면 고환에 상처나 염증, 붓기가 있을 가능성이 있으므로 살펴보세요. 만약 강아지가 잠복고환이라면 겉으로는 안 보여도 그것이 종양화되어 있을 가능성이 있으니 특히 주의해야 합니다.

이런 점을 유심히 살피세요

갑자기 부어오른다면 고환(정소)에 종양이 있을 가능성이 있습니다. 남성호르몬의 영향으로 음낭이 부어오를 뿐만 아니라 피부나 털의 상태가 나빠지기도 합니다.

종양은 초기에 염증이나 통증이 없는 경우가 많아서 뒤늦게 발견되는 경우가 있으므로 한 번씩 확인해서 병을 악화시키지 않도록 합시다.

염증이나 화농이 넓어지면 열이 나고 식욕이 없어지기도 합니다. 음낭을 심하게 핥아서 피부가 찢어지거나 고름이 나오는 경우도 있습니다.

 ## 어떻게 하면 나을까요?

중성화수술로 종양을 예방할 수 있습니다. 중성화수술을 하지 않은 수컷을 기르고 있다면 정기적으로 음낭의 상태를 만져서 확인해야 합니다.

음낭은 체온보다 약간 낮은 온도로 유지되므로 열이 있다면 문제가 있다는 증거입니다. 조금 차다고 느끼는 정도가 정상이며, 조금이라도 열이 있다면 즉시 치료해야 하는 상태일 수도 있습니다.

의사 선생님의 조언

강아지가 잠복고환이라면 특히 주의가 필요합니다. 음낭 안의 정소에는 변화가 없더라도 성기 바로 옆 부분이 부어오른다면 배 속에 남아 있던 정소가 종양화되어 있을 가능성이 높습니다. 잠복고환인 정소가 종양화되는 확률은 보통의 정소보다 매우 높습니다. 빨리 수술로 적출하는 것이 가장 좋은 치료법입니다.

젖이 부었어요

● 암컷의 질병

조기 발견, 조기 치료가 중요합니다

젖(유선)에 문제가 생기는 암컷이 종종 있습니다. 여러 가지 원인이 있으며 그중에는 조기 발견과 치료가 매우 중요한 경우도 있습니다.

 원인이 뭐예요?

●위임신(거짓임신) ●유선염 ●유선종양 등

 증상을 어떻게 알죠?

암컷이 위임신을 하게 되면 임신하여 출산했다고 착각해서 젖이 불거나 나오는 경우가 있습니다. 대부분 생리 이후 2~3개월 사이에 일어납니다.

유선염일 가능성도 있으며 이는 대부분 세균이 젖(유선)에 들어가

의심이 가면 바로 확인하세요

평소에 젖을 만져 보아 상태를 확인하는 것이 중요합니다. 만약 응어리를 발견했다면 즉시 병원에서 진찰을 받으세요. 당분간 상태를 지켜보겠다고 두고 보다가 점점 넓어져서 위험해집니다.

이 종양은 여성호르몬과 관계가 있습니다. 첫 발정(생리) 전에 중성화수술을 하면 발생률이 낮아집니다.

이런 점을 유심히 살피세요

눈에 보이지 않아도 젖을 만졌을 때 작은 응어리가 있을 수 있습니다. 이는 매우 작지만, 점점 커지고 수가 늘어나는 유선종양의 초기 증상입니다.

서 염증을 일으켜서 생기는 것입니다. 붓고 열이 나며 고름 같은 유즙이 나오기도 합니다.

생리 중 젖에 이상이 없다면 걱정하지 않아도 됩니다.

 어떻게 하면 나을까요?

유선종양은 수술로 제거하는 것이 일반적입니다. 단발적인 양성 종양이라면 다행이지만 재발하거나 악성화되어 전이되는 경우도 있습니다. 수의사와 자세히 상담하고 치료법을 결정하세요.

위임신의 경우는 당분간 상태를 지켜보고 붓고 아파하거나 열이 난다면 치료하는 것이 좋습니다. 유선염은 강아지가 통증을 느끼므로 빨리 치료해야 합니다.

유방질환은 재발과 전이, 그리고 급격한 진행 속도에 주의해야 합니다.

의사 선생님의 조언

유방질환은 무엇보다 조기 발견, 조기 치료가 중요합니다. 양성 종양도 내버려 두면 종양을 깨끗하게 제거하기 어려워지고 악성화되는 경우도 있으므로 매우 주의해야 합니다.

또 젖이 부으면 불쾌감이나 통증으로 식욕이 떨어지기도 하므로 조기에 치료해야 합니다.

 외음부에서 분비물이 나와요

● 암컷의 질병

중성화수술을 안 했다면 주시합시다

외음부에서 분비물이 나오거나 부정 출혈이 있는 것은 매우 위험한 증상 중 하나라는 사실을 잊지 마세요!

 ## 원인이 뭐예요?

● 자궁축농증 ● 자궁점액증 등

 ## 증상을 어떻게 알죠?

계속 생리가 나오거나 생리불순이 지속될 때, 그리고 생리인지 아닌지 모를 분비물이 나오거나 외음부에서 더러운 색의 피나 분비물이 나온다면 자궁축농증을 의심해야 합니다. 자궁축농증은 임신 경험이 없는 암컷에게 발병하는 일이 잦으며, 고령이 될수록 발병할

의심이 가면 바로 확인하세요

이 질병은 일반적으로 외음부에서 분비물이 나오며, 출혈이 있을 때도 있습니다. 이 외에도 엉덩이가 평소보다 더럽거나 외음부를 자주 핥고 물을 많이 마시며 배가 부풀어 오르거나 소변 횟수가 늘고 기운이 없고 점점 야위어 가는 등 여러 가지 증상이 있습니다.

중성화수술을 하지 않은 중고령의 암컷에서 많이 나타나지만 젊은 강아지도 자궁축농증에 걸릴 수 있으므로 주의해야 합니다.

이런 점을 유심히 살피세요

자궁축농증은 성호르몬의 불균형으로 자궁이 세균에 대한 저항력이 떨어졌을 때 걸리는 경우가 많습니다. 외음부가 세균에 감염되면 그것이 자궁 내에서 증가하면서 결국 세균이 화농을 일으켜서 고름이 차게 됩니다.

한편, 자궁점액증은 자궁의 미발달, 호르몬의 불균형 등으로 일어납니다. 자궁축농증은 내버려 두면 생명을 위협하여 수술하지 않으면 회복하기 어렵습니다.

가능성이 높아집니다. 또한 상당히 병이 진행된 뒤에 발견되는 경우가 많은 특징이 있습니다.

어떻게 하면 나을까요?

중성화수술을 하지 않았다면 생리가 규칙적인지 점검하는 것이 최선의 예방입니다. 대부분의 강아지는 봄, 가을에 한 번씩 1년에 2번, 2~3주 정도 생리를 합니다. 중성화수술로 자궁과 난소를 적출했다면 이 병에 걸릴 걱정은 하지 않아도 됩니다.

자궁축농증은 초기에 수술할수록 회복이 빠릅니다. 자궁에 고름이 차고 기운도 없는 상태에서 수술하면 회복에도 시간이 걸리므로 잘 생각하세요.

의사 선생님의 조언

강아지는 발정 중에 생리를 하며, 이때 수컷과 교미를 하여 임신하게 됩니다. 따라서 사람과는 의미가 전혀 다릅니다.

참고로 고양이는 생리를 하지 않습니다. 고양이 암컷은 수컷과 교미를 한 자극으로 배란을 하므로 월경이 필요 없습니다.

원인이 뭐예요?

- 위임신(거짓임신) ● 난소, 자궁질환 등

증상을 어떻게 알죠?

발정 중에서 이후 3개월 사이에 자주 발생하는 질병입니다. 임신한 것도 아닌데 마치 임신이나 출산을 한 것 같은 행동을 하는데 이를 위임신이라 합니다. 위임신은 주로 성호르몬의 균형이 무너져서 일어나지만, 난소나 자궁에 질병이 있어서 일어나는 경우도 있습니다.

의심이 가면 바로 확인하세요

주요 증상은 젖이 붓거나 식욕이 없어집니다. 하지만 인형 등을 새끼로 여기고 돌보는 행동을 하는 등 마치 실제로 임신한 것 같은 모습을 보이기도 합니다.

이럴 때는 위임신을 의심하세요. 당분간 상태를 지켜보고 그래도 낫지 않는다면 병원에 데리고 갑니다. 또 생리가 규칙적으로 오지 않을 때도 매우 주의해야 합니다.

이런 점을 유심히 살피세요

위임신은 대부분 시간이 흐르면 나아집니다. 하지만 급격하게 몸 상태가 변하거나 위임신 또는 생리불순이 반복된다면, 성호르몬의 불균형, 난소나 자궁질환이 예상되므로 유심히 살펴보세요.

● 암컷의 질병

임신했을 리가 없는데……

임신했을 리는 없는데 이상하다 싶은 증상이 중성화 수술을 하지 않은 암컷에게 간혹 보입니다. 이런 증상이 빈번하게 보인다면 유심히 살펴보세요.

강아지의 위임신은 사람의 상상임신처럼 임신을 간절히 원해서 일어나는 것이 아닙니다. 원인이 있는 질병이라는 것을 확실히 인식해 둡시다.

 ## 어떻게 하면 나을까요?

한동안 상태를 지켜보세요. 차도가 없다면 병원에서 진찰을 받아 보는 것이 좋습니다. 젖이 붓고 아파한다면 염증이 가라앉도록 적절한 처치를 하고, 먹이를 못 먹으면 소화가 잘되는 먹이를 조금씩 주면서 증상이 나아지는지 상태를 지켜봅니다.

이후에는 다음 생리가 제대로 오는지, 생리가 전과 다른 점은 없는지, 생리가 끝난 후도 괜찮은지 등을 확인합시다.

중성화수술로 난소나 자궁을 적출하였다면 이 병은 걱정하지 않아도 됩니다.

의사 선생님의 조언

생리가 규칙적인지 확인하는 것이 중요합니다. 정상적이지 않은 발정, 생리불순이 반복될 때는 빨리 대처해야 합니다.

강아지는 대부분 1년에 두 번 생리를 합니다. 때문에 생리를 언제 했는지, 혹은 생리를 했는지조차 기억하지 못하는 주인도 간혹 있습니다. 확인할 수 있도록 메모를 해 두세요.

출산할 때 주인이 해 줄 수 있는 일은?

● 암컷의 임신 · 출산

출산 예정이거나 출산에 대해 자세히 알고 싶은 분들을 위해 알아 두어야 할 것을 소개합니다.

 출산을 시키기 전에

출산은 질병이 아닙니다. 하지만 알아 두어야 할 것이 많습니다. 무엇보다 중요한 것은 주인이 강아지의 임신이나 출산에 대해 확실히 알아 두는 것입니다.

할 수 있다는 자신감이 생기면 출산을 준비합시다. 또 태어나는 새끼를 끝까지 책임질 수 있는지도 충분히 생각하고 결정해야 합니다.

 강아지가 임신을 했다면

강아지를 교미시켰다면 병원에서 임신이 되었는지를 확인합시다. 임신이 확인되면 정기적으로 병원에서 검사를 받습니다. 이것은 배 속에 강아지가 몇 마리인지, 제대로 크고 있는지, 자연분만이 가능한지 등을 알기 위해 중요한 일입니다.

특히 소형견은 난산이 되기 쉬우므로 주의를 기울여야 합니다. 조금씩 임신 · 출산에 필요한 물품을 준비하며 태어날 새끼 강아지의 탄생을 기다립시다.

 반려견의 쾌적한 임신 생활을 위하여

강아지가 임신을 하면 몇 가지 주의해야 할 점이 있습니다.

먼저 안전하고 순조로운 생활을 할 수 있도록 도와줘야 합니다. 또한, 임신 중에는 태아가 커지면서 위를 압박하여 한 번에 많은 양의 먹이를 먹지 못하므로 3~4회에 나눠서 줍니다.

산책은 강아지에게 무리가 가지 않을 정도의 시간, 장소를 선택합니다. 그리고 강아지가 안정을 느끼는 장소에 미리 출산 상자를 준비하여 익숙해지게 하는 것이 좋습니다.

임신기간은 62일 전후입니다.

● 임신 수첩

체중이나 식사량, 수의사에게 들은
내용 등을 기록해 두면 좋습니다.

● 출산 상자

종이 상자에 수건을 깝니다. 차분한
곳에 상자를 준비하고 어미가 그곳
에 미리 익숙해지게 합니다. 이 상자
는 새끼를 기를 때에도 쓰입니다.

● 소독한 실과 가위

어미가 탯줄을 끊지 않았을 때
사용합니다.

● 애견용 우유

어미가 젖을 줄 수 없을 때
사용합니다.

● 사육 상자, 보온 매트

어미가 새끼를 돌볼 수 없을 때 필요
한 사육 상자(출산 상자)입니다. 겨울
철에는 보온 매트가 필요합니다.

● 수건

새끼 강아지를 닦을 때
사용합니다.

이런 점을 유심히 살피세요

임신 중 다음과 같은 증상을 보이면 즉시 병원에 가서 진찰을 받으세요.

- 야위어간다.
- 식욕이 없고 토를 하거나 설사를 한다.
- 임신 중인데 외음부에서 피나 분비물이 나온다.
- 예정일보다 빨리 혹은 늦게 태어날 것 같다.

드디어 출산입니다!

1. 출산의 조짐을 보여요

출산 몇 시간 전이 되면 체온이 1도 정도 떨어져 37℃대가 됩니다. 평소 강아지의 체온을 재 두면 그 변화를 쉽게 알 수 있습니다. 어미는 식욕이 없어지고, 진통이 시작되면 불안한 듯 이리저리 배회하며 땅을 파거나 방바닥을 긁는 등 출산할 자리를 만드는 행동을 합니다. 주인은 강아지 주위에서 산만하게 굴며 방해하지 말고 침착하고 조용하게 격려해 주세요.

2. 출산이 시작됐어요

강아지의 새끼는 머리가 아닌 꼬리부터 나와도 정상분만입니다. 태막이라고 하는 얇은 막 안에 있는 양수와 함께 새끼가 나옵니다. 나오는 도중에 막이 찢어져서 양수가 흐르기도 합니다. 이때 양막이 마르지만 않으면 괜찮습니다. 어미는 새끼를 핥아 태반을 벗기고, 탯줄과 태반을 자르고 태반을 먹어 버립니다. 그리고 새끼에게 젖을 먹입니다.

3. 난산이 되었다면

어미가 지쳐서 녹초가 되거나 아무리 진통을 해도 새끼가 나오지 않을 때, 진통 시 매우 괴로워하거나 진통이 오는지 안 오는지 분명하지 않을 때, 새끼의 몸 일부만 나온 채로 멈춰 있을 때, 마지막으로 출혈이 많거나 핏덩어리 같은 것이 나오는 등의 증상이 보이면 촌각을 다투는 긴급 사태입니다. 어미와 새끼 모두 위험하므로 빨리 동물병원에 도움을 요청하세요.

이런 응급처치를 해 주세요

출산 시 집에서 할 수 있는 응급처치나 어미를 대신해서 해 줄 수 있는 적절한 응급처치를 알아 둡시다.

●사례1● 어미가 새끼를 낳은 뒤 방치할 때

1. 태반에 쌓인 채라면 손가락으로 살짝 찢어서 새끼를 꺼냅니다.
2. 탯줄이 이어져 있다면 새끼의 몸에서 3cm 정도 떨어진 곳을 실로 꽉 묶고 실 위쪽을 가위로 잘라 냅니다. 실로 묶지 않고 그냥 자르면 출혈이 나니 유의하세요.
3. 새끼의 몸을 수건으로 닦아서 말립니다.

●사례2● 새끼의 상태를 관찰할 때

1. 태어난 새끼의 입안 점막과 발바닥 등의 색을 확인합니다.
2. 건강한 경우는 선명한 붉은색을 하고 있습니다.
3. 노란색이나 탁한 붉은색, 엷은 핑크색 또는 하얀색을 띠면 즉시 응급처치를 시작합시다.

●사례3● 새끼의 응급처치 방법

1. 새끼를 양손으로 포개 잡고 위아래로 흔들어 물을 토해 내게 합니다.
2. 새끼의 입과 코를 자신의 입으로 물고 숨을 불어 넣습니다.
3. 수건으로 새끼의 몸을 가볍게 문지르며 말리면서 자극을 줍니다.
4. 규칙적으로 가슴을 마사지합니다.
5. 이것을 반복합니다. 심장이 뛰고 호흡을 시작하면 점막이 선명한 붉은색을 띱니다.

●사례4● 어미의 젖을 먹지 못할 때

1. 새끼가 태어나면 어미의 젖을 빨게 합니다.
2. 어미가 싫어하거나 젖이 나오지 않을 때는 중지합니다. 젖이 나오는 것은 손가락으로 눌러서 확인할 수 있습니다.
3. 억지로 젖을 빨게 하면 어미가 새끼를 공격하기도 합니다. 이럴 때에는 주인이 새끼를 돌봐 줍니다.
4. 애견용 우유를 녹여서 사람의 체온 정도로 데운 뒤 젖병으로 먹입니다.
5. 어미의 모유를 먹지 못한 새끼는 질병에 대한 저항력이 매우 약합니다. 새끼의 몸 상태에 각별히 주의를 기울여 주세요.

●사례5● 새끼의 배변 관리

정상적인 새끼도 대부분 스스로 대소변을 보지 못합니다. 원래는 어미가 새끼의 엉덩이를 핥아서 배변을 유도하지만, 젖을 먹이지 않으면 이 역시 하지 않는 경우가 대부분입니다. 이 경우 주인이 우유를 먹일 때마다 물티슈로 엉덩이를 가볍게 두드려서 대변이나 소변이 나오게 합니다. 우유를 먹이는 일과 배변을 유도하는 것은 매우 중요한 일입니다.

의사 선생님의 조언

　강아지의 출산에 대해서 대략적으로 설명했습니다.

　출산은 결코 쉬운 일이 아닙니다. 새끼의 탄생은 굉장한 일입니다. 하지만 그와 동시에 여러 문제가 발생할 수 있다는 점도 기억해 두세요.

나이나 성별에 따른 질병은 매우 다양합니다. 애견의 상태를 살피면서
'만약의 사태'에 대비하세요. 여러분이 바로 가장 가까운 홈닥터이니까요.

1 새끼는 체력이 약하므로 백신 접종, 구충 등으로 예방할 수 있는 질병은 모두 예방하세요.

2 강아지가 어릴 때 하는 건강관리는 평생의 몸이 만들어지는 데 큰 영향을 미칩니다.

3 새끼가 가지고 있는 선천적인 질병에 주의합시다.

4 새끼와 노령견은 질병의 진행이 빠른 경우가 많아서 조기 치료가 중요합니다.

5 노령견은 젊을 때보다 건강관리에 더욱 신경을 써 주세요.

6 노령견에게 치매 증상이 나타나면 그에 맞는 적절한 간호를 해 주세요.

7 중성화수술을 하지 않은 수컷은 생식기 질환에 주의하세요.

8 암컷은 유방의 응어리를 유심히 살피세요.

9 중성화수술을 하지 않은 암컷은 규칙적으로 생리를 하고 있는지 꼼꼼히 챙기세요.

10 출산은 확실히 숙지한 다음 신중하게 결정하고 응급 사태에도 대비하세요.

어려운 외부문제 대응책

이런 일이 예상됩니다

- 어릴 때 다른 강아지와 접촉한 경험이 없어서 다른 강아지를 보면 공격한다.
- 자신이 우두머리라고 생각하여 주인의 말을 듣지 않는다.
- 다른 강아지를 무서워한다.
- 수컷은 자신의 영역을 지키려는 본능이 있어서 마당에 들어온 강아지나 고양이를 공격한다.

상황은?

이웃이 강아지를 데리고 마당에 들어왔을 때 흥분해서 그 강아지에게 달려드는 경우가 있습니다. 실제로 상대 주인이 재빠르게 리드줄을 잡아당겨 비교적 가벼운 상처에 그친 사례도 있습니다.

한편, 산책 중에 사이가 안 좋은 강아지를 만나면 심하게 짖고 가까이 지나가면 싸움이 나서 주인들이 리드줄을 당겨도 좀처럼 떨어지지 않습니다.

묶어 둔 강아지가 줄이 풀려서 산책 중인 다른 강아지를 물거나, 리드줄을 착용하고 산책하다가 리드줄 없이 산책 중이던 다른 강아지가 와서 무는 경우도 있습니다.

리드줄을 풀어놓고 놀게 하다가 산책 중인 다른 강아지의 귀를 물었는데 놀란 상대 주인이 리드줄을 당겨 버린 탓에 귀가 찢어진 사례도 있습니다.

어떻해요!

다른 집 강아지에게 상처를 입혔어요

평소 주인의 말을 잘 따르다가도 다른 강아지와 싸움이 나면 잘 제지가 안 됩니다. 밖에 나갈 때는 반드시 리드줄을 사용하세요.

 # 어떻게 하면 좋아요?

살짝 긁힌 상처부터 생명이 위태로운 중상까지 그 정도는 천차만별입니다. 털은 빠졌어도 피부에 상처가 없다면 괜찮습니다. 상대 주인에게 사과하고 상처가 없는지 확인하세요. 또 피부가 벗겨져 피가 날 수도 있습니다. 진심으로 사과하고, 문제가 더 커지지 않도록 상대방이나 자신이 자주 가는 병원에 데리고 갑니다.

이빨 자국이 선명히 나도록 물린 상처는 상처 부위가 작아 보여도 생각보다 깊어 그대로 두면 화농을 일으킬 수도 있습니다.

특히 잘 아는 사이라고 사고 순간 상대방이 사양하여 병원에 데리고 가지 않았다가 후에 문제가 되는 경우도 있으므로 반드시 병원에서 나을 때까지 치료를 받게 합니다.

또한, 물고 늘어지는 강아지를 억지로 떨어뜨리려고 당기면 피부가 벗겨져 피가 많이 나거나 수술로 피부를 꿰매야 할 수도 있습니다.

또한, 소형견은 대형견에게 물리면 사망할 수도 있습니다. 체중이 20kg이나 나가는 강아지가 체중 2kg의 요크셔테리어를 문 사례가 있었는데, 기관을 다쳐 공기가 피하조직으로 새어 나와 풍선처럼 부풀어 오르는 중상을 입기도 했습니다. 다행히도 목숨은 건졌지만 당시에는 중태에 빠졌었습니다.

리드줄을 착용하지 않은 강아지가 가까이 오면 상대 주인에게 주의를 시키고, 반려견의 목걸이를 단단히 잡아 사고를 방지합시다.

해 결 책

상대 주인에게 정중히 사과합시다. 마음이 전해지도록 진심을 담아 사과하는 것이 가장 중요합니다.

상대 주인은 대부분 흥분한 상태이므로 처음부터 반론하지 말고 상대의 말을 잘 들어 줍시다. 그러고 나서 상대가 조금 진정되면 치료비 등을 상의하세요.

강아지를 잃어버렸어요

소중한 반려견을 잃어버린 주인의 마음은 경험해 보지 않은 사람은 모를 것입니다. 강아지를 위해서 그리고 자기 자신을 위해서도 강아지를 찾기 위해 최선을 다합시다.

이런 일이 예상됩니다

- 귀를 젖히고 미안한 듯한 얼굴로 돌아온다.
- 모르는 집에서 보호하고 있다.
- 유기견으로 여겨져서 유기견 보호소에서 보호하고 있다.
- 교통사고가 나서 병원에 있다.
- 교통사고로 이미 사망하였다.

상황은?

집 안에서 키우는 강아지가 우연히 열려 있던 현관을 통해 가족들이 모르는 사이 밖으로 나가 버리는 경우가 있습니다. 또, 마당에 묶어 둔 강아지가 리드줄이 풀리거나 깜박하고 대문을 열어 둔 사이에 밖으로 나가 버리는 경우도 있습니다. 또한 천둥이나 불꽃놀이 소리에 공황 상태가 되는 강아지가 가족이 모두 외출한 사이에 천둥이 쳐서 밖으로 뛰쳐나간 경우도 있다고 합니다. 이때 목걸이에 연락처가 적힌 이름표를 달고 있으면 조금은 안심할 수 있습니다.

자주 산책하러 나가지 않는 강아지는 길을 잃어서 집에 무사히 돌아오지 못할까 봐 걱정이 됩니다. 아무리 기다려도 돌아오지 않으면 주인은 너무 걱정되어서 견딜 수가 없습니다.

어떻게 하면 좋아요?

시간이 흐를수록 찾기 어려워지므로 우선 예상되는 상황을 최대한 빨리 정리하고 알아보는 것이 좋습니다.

우선 보건소, 공공기관, 경찰 등에 연락하여 낯선 강아지가 이리저리 헤매고 있다고 민원이 들어오지 않았는지 혹은 유기견 보호소에 수용되어 있는지 등을 확인합니다. 이때 생김새를 알리고 비슷한 강아지를 발견하면 연락을 달라고 연락처를 남겨 놓습니다. 그리고 며칠 간격으로 확인 전화를 합니다. 동물병원에도 주인이 없는 강아지가 사고가 나서 보호되고 있지 않은지 문의합니다.

또 항상 다니던 산책 코스에 강아지를 찾는다는 전단을 붙이거나 광고지나 지역 신문 등에 싣는 것도 좋습니다. 강아지를 찾기까지 1~2개월이 걸리는 경우도 있으므로 금방 찾지 못하더라도 포기하지 맙시다. 가끔 '강아지를 보호하고 있습니다'라는 기사가 실리기도 하므로 수시로 살펴봅시다.

운이 좋아 바로 찾게 되는 경우도 있지만, 아무리 노력해도 좀처럼 찾을 수 없는 경우도 있습니다. 한 달 정도 다른 집에서 길러진 사례도 있습니다.

해 결 책

소중한 반려견의 생사조차 알 수 없는 일만큼 괴로운 일도 없습니다.

이러한 사고를 방지하기 위해서 반드시 목걸이에 연락처를 적은 이름표를 달아 두세요. 이것은 강아지를 잃어버렸을 때 매우 큰 도움이 됩니다.

다른 집 강아지와 교미를 해 버렸어요

어떻게 할지 고민하는 사이에 출산까지 해서 새끼를 어찌하지 못하고 허둥지둥…….

귀엽지만 여러 마리를 모두 기를 수는 없습니다. 빠른 대응이 필요합니다.

이런 일이 예상됩니다

- 암컷의 임신 기간은 대략 62일이므로 2개월 후에는 출산하게 됩니다. 소형견은 난산도 예상됩니다.
- 수컷은 발정 중인 암컷의 냄새에 끌리기 때문에 일단 밖에 나갔다 오면 또 밖에 나가고 싶어 밤새 울어서 이웃에 폐를 끼치기도 합니다.

상황은?

강아지가 발정이 와서 집 안에 들여 놓았다가 '같이 나가면 괜찮겠지' 하고 마당에 함께 나갔다고 합니다. 주인이 마당에서 빨래를 널다가 짖는 소리가 들려서 뒤를 돌아보니 그사이 마당에 들어온 수컷과 교미를 해 버린 사례도 있었습니다.

한편, 중성화수술은 첫 발정 이후에 하는 것이 좋다는 말을 듣고 첫 발정을 맞았는데, 밤마다 집 근처를 배회하던 수컷이 밤에 집에 들어와 사고를 친 경우도 있습니다. 밤중에 강아지 소리가 들려서 창문 밖을 내다보니 못 들어올 거라고 생각했던 대문 밑 틈으로 도망가는 강아지가 보였고 그때 임신을 했다고 합니다.

 ## 어떻게 하면 좋아요?

먼저 출산을 시킬 것인지를 빨리 정합니다. 출산을 시킬 여건이 안 된다면 즉시 병원에 데리고 가 수술을 시킵니다. 망설이면 그만큼 수술이 힘들어지고 어미의 부담도 커집니다.

출산을 시키기로 정했다면 앞으로 태어날 새끼의 주인을 찾습니다. 태어날 강아지의 성별을 알 수 없으므로 수컷이든 암컷이든 상관없다고 하는 사람을 찾습니다. 광고지, 지역신문, 병원이나 지인, 집에 전단을 붙이는 방법 등이 있습니다.

수컷의 경우 '우리 집 암컷과 교미를 한 것 같다'는 얘기를 들을 수도 있습니다. 짐작 가는 일이 있다면 귀여운 강아지의 주인을 찾는 데 협력합시다.

해 결 책

새끼를 원치 않는다면 중성화수술을 시키는 것이 좋습니다.

중성화수술이 꺼려진다면 강아지에게 발정이 와서 아무리 울거나 큰소리로 짖더라도 마음을 단단히 먹고 절대로 밖에 내보내지 말아야 합니다.

개 짖는 소리가 시끄럽다는 민원이 들어온대요

과거에는 개가 짖는 소리로 침입자의 존재를 알 수 있었습니다. 하지만 지금은 이 때문에 이웃들이 불평을 합니다. 강아지가 세상 살기 힘들어진 것 같습니다.

이런 일이 예상됩니다

- 배가 아파서 화장실에 가고 싶다.
- 산책하러 가고 싶다.
- 낯선 사람이 있다.
- 다른 사람이나 산책 중인 강아지가 지나갔다.
- 오토바이, 자전거가 지나갔다.
- 순찰차, 구급차의 사이렌에 반응해서 짖는다.
- 자신의 세력권에 강한 집착을 보인다.
- 분리불안증 등의 질환이 있다.
- 노화에 의한 치매 증상이 있다.
- 발정이 와서 상대를 찾기 위해 운다.

상황은?

대소변을 밖에서 보는 습관이 있는 강아지는 설사나 방광염 등의 질병에 걸리면 화장실에 데려가 주길 원하여 짖습니다. 한편, 이른 아침부터 산책하러 나가고 싶어서 짖는 경우도 있습니다. 무시하고 싶어도 이웃에 폐가 될까 봐 어쩔 수 없이 산책하러 나가는 경우도 많습니다.

또 집이나 마당을 자신의 세력권으로 여겨서 그곳에 접근하는 다른 사람이나 강아지, 고양이를 향해 격하게 짖거나, 누군가 초인종을 울리면 현관으로 달려가면서 짖고 주인이 얘기를 나누는 동안에도 계속 짖어 대기도 합니다.

분리불안증인 강아지는 주인과 항상 함께 있고 싶어 합니다. 가족이 외출하여 혼자 남겨지면 공황을 일으켜 짖어 대고 동시에 대소변을 싸 놓거나 휴지통을 뒤엎는 경우도 있습니다. 이런 경우 나중에 이웃으로부터 '오늘 강아지가 집에 혼자 있었나 봐요. 외로웠는지 내내 짖더라고요' 등의 얘기를 듣습니다.

강아지와 관련되어 발생하는 민원은 '짖는 소리'가 제일 많습니다. 특히 주택이 밀집된 곳에서 더 많다고 합니다. 우편함에 불만 내용이 적힌 편지가 들어 있거나 '집에 환자나 수험생이 있어요'라며 살며시 얘기를 건네기도 합니다. 이웃과 관계가 틀어지면 말을 걸어도 대답하지 않거나 물건을 내던지는 등 심술을 부리기도 합니다.

 ## 어떻게 하면 좋아요?

강아지를 싫어하는 사람 외에도 심야 근무자나 환자, 수험생에게 강아지가 짖는 소리는 매우 방해됩니다. 일방적으로 폐를 끼치고 있으니 이웃과 좋은 관계를 유지하기 위해서는 반드시 먼저 찾아가서 양해를 구합시다. 시끄럽게 해서 죄송하다는 인사도 반드시 잊지 마세요.

만약 배탈이 나서 설사 때문에 짖는다면 병원에서 검변을 하고 약을 먹입니다. 시판되는 약으로는 효과가 없을 수도 있으므로 잘 살펴봅시다.

발정으로 짖는 경우는 발정 후에 중성화수술을 하거나 발정을 조절하는 약을 피하에 삽입하여 억제할 수 있습니다.

강아지도 2살 정도가 되면 반항적인 모습을 보이기 시작합니다. 이전에는 말을 잘 듣던 강아지가 주인에게 반항하기 시작했다면 재훈련을 시킵시다. 강아지는 어릴 때 어미나 형제와 함께 지내면서 무리의 규칙이나 인간과 함께 생활하는 데 필요한 점들을 자연스레 익히게 됩니다. 그러나 너무 일찍 어미나 형제와 떨어지면 한창 적응력을 키우는 시기에 충분한 경험을 하지 못해서 후에 문제 행동을 일으킬 수 있습니다.

만약 강아지가 분리불안증이라면 치료약과 행동 요법을 병행하여 치료합니다. 수의사의 지도를 받으면 치료에 도움이 됩니다.

해 결 책

먼저 이웃과 좋은 관계를 쌓는 것이 중요합니다.
그리고 강아지가 반항적인 모습을 보인다면 재훈련을 해야 합니다.

차에 치였어요

교통사고의 가장 무서운 점은 겉으로 보이지 않는 곳의 부상입니다. 별다른 외상이 없어 보여도 시간이 지난 후 급격히 악화되는 경우가 있습니다.

 이런 일이 예상됩니다

- 외상, 출혈에 의한 빈혈, 골절, 두부나 척추의 손상, 흉강이나 복강내출혈, 장기 손상 등, 정도에 따라 증상은 다양합니다.
- 되도록 빨리 병원에 데려가세요. 강아지를 안아 올릴 때 강아지가 아파서 주인을 무는 경우도 있으므로 주의해야 합니다.

 상황은?

교통사고가 일어나는 공통적인 원인은 리드줄을 착용하지 않았다는 것입니다. 도로에는 많은 위험이 도사리고 있습니다. 방심은 금물입니다.

공장에서 기르던 강아지가 주인의 트럭을 쫓아가다가 반대 방향에서 달려오던 차에 치인 경우도 있습니다. 또, 리드줄을 풀어 놓고 놀다가 도로에 나가 차에 치였는데 사고 순간만 깽깽거리다가 금방 아무렇지 않게 걷는 것을 보고 그대로 집에 돌아왔다고 합니다. 그런데 다음 날 호흡이 흐트러지고 밥을 먹지 못해서 병원에 데리고 온 사례도 있습니다.

그 밖에도 평소 별로 차가 다니지 않는 집 앞 도로에서 놀다가 지나가는 차에 치여서 깽깽하고 울면서 뛰어와 주인 앞에서 쓰러지길래 헐레벌떡 안아 올리다가 손을 물린 경우, 묶어 둔 말뚝이 빠져서 밖에 나갔던 강아지가 다음 날 왼쪽 뒷다리를 대롱거리며 다리 3개로 걸으며 돌아온 경우 등 여러 사례가 있습니다.

어떻게 하면 좋아요?

교통사고가 나면 주인은 출혈이 있는 부위나 골절된 부위와 같은 외상에 자연스레 시선이 갑니다. 하지만 정말로 주의해야 할 곳은 두부나 척추의 골절, 흉부나 복강내의 출혈, 각 장기의 손상 정도입니다. 아무리 외상이 가벼워 보여도 가능한 한 빨리 병원에 데려가 검사를 받는 것이 좋습니다.

사고가 난 강아지를 옮길 때 강아지가 통증으로 흥분해서 무는 경우가 있습니다. 주인과 강아지 모두 피투성이가 되어 진찰실로 뛰어들어오는 경우도 적지 않습니다. 강아지를 옮길 때 사람도 조심합시다.

교통사고는 차에 치였을 때의 상황, 의식의 유무, 호흡 상태, 어느 부위를 제일 아파하는지, 걸을 수 있는지 등을 꼼꼼히 살펴야 합니다. 가벼운 찰과상이라 생각하고 병원에 안 갔다가, 며칠 후 호흡곤란을 일으켜 검사를 하니 횡격막이 찢어져서 장이 흉강 내로 들어간 사례도 자주 있습니다.

이처럼 외상으로만 판단하는 것은 금물입니다. 사고 후 하루 동안은 특히 주의해서 살펴봅시다. 하루가 무사히 지나면 다시 3일간 상태를 주시해야 합니다. 새로운 증상이 나오지 않는다면 그 후 1주일을 지켜봅니다.

척추에 손상을 입어서 뒷다리에 마비가 오고, 배뇨와 배변 기능에 장애가 남은 강아지도 있었습니다. 이 주인은 자신의 부주의를 통감하며 애견용 휠체어를 직접 만들어 끝까지 돌봐 주었습니다. 요즘은 전문적으로 휠체어를 만들어 주는 곳도 있습니다.

해 결 책

외상이 가볍다고 안심하는 것은 금물! 정말 무서운 것은 겉으로는 보이지 않는 부분입니다. 때늦지 않도록 빨리 병원에 데려가세요.

검사 후 이상이 없다는 것을 확인하고 안심하세요.

강아지가 다른 사람의 물건을 망가뜨렸어요

'강아지가 멋모르고 한 행동이니까…….' 하고 내버려 두었다가 후에 일이 커지는 경우도 있습니다. 확실하게 사과를 하고 배상합시다.

이런 일이 예상됩니다

- 친구니까 괜찮겠지 하고 흐지부지 지나가면 훗날 관계가 거북해질 수도 있습니다.
- 상대가 괜찮다고 해서 아무런 조치도 취하지 않았다가, 인사를 해도 안 받아 주거나 말을 걸었을 때 무시당할 수도 있습니다.

상황은?

강아지를 데리고 이웃집에 놀러 갔다 돌아왔는데 이야기를 나누는 동안 강아지가 탁자의 다리를 물어 흠집을 내 놨다는 연락을 받는 경우도 있습니다.

또한 이웃집 현관 앞에서 잠시 이야기를 나누는 동안 데리고 있던 강아지가 화분대에 소변을 보려고 하길래 제지한다고 리드줄을 당겼다가 오히려 화분대에 부딪쳐서 화분을 깬 사례도 있습니다.

이런 예상치 못한 상황이 발생해서 순간은 괜찮다는 말에 사과만 하고 돌아왔는데 나중에 제3자로부터 그 일에 대한 불만을 들었다고 전해 듣는 경우도 있다고 합니다.

그 밖에 친구네 강아지와 사이가 좋아서 데리고 가서 놀던 중 탁자 위에 있던 램프가 떨어져서 깨졌는데 어느 쪽 강아지가 깼는지 알 수 없어서 불편한 상황이 일어난 경우도 있습니다.

어떻게 하면 좋아요?

강아지가 방문한 집 마루에 소변을 보면 주인은 대수로운 일이 아니라고 여길 수 있지만 강아지를 키우지 않는 집에서는 매우 싫어합니다. 아무리 깨끗하게 닦아 주어도 이후에는 초대받지 못할 수도 있습니다. 강아지는 낯선 곳에 가면 대소변을 보는 경우가 자주 있습니다.

또한 강아지가 친한 친구 집의 물건을 망가뜨리면 친한 사이라 생각하고 가볍게 넘기기 쉽습니다. 하지만 이럴 때일수록 확실히 해 두는 것이 좋습니다.

이웃과의 교류는 무슨 일이 일어났을 때 도움을 받을 수도 있으므로 좋은 관계를 유지하는 것이 좋습니다.

또한 '괜찮아요'라는 말에 사건을 흐지부지 넘기지 말고 후에 제대로 사과하러 가야 합니다. 당신의 반려견이 망가뜨린 물건은 주인인 당신이 손해를 배상해야 한다는 것을 명심합시다.

해 결 책

먼저 정중히 사과합니다. 강아지가 멋모르고 한 행동이니까 상대방도 이해해 줄 거라고 생각하면 안 됩니다. 특히 망가뜨린 물건이 추억이 담긴 소중한 물건이라면 마음이 풀리는데 시간이 걸릴 수도 있습니다. 어떻게든 관계가 회복될 수 있도록 노력을 합시다.

다른 사람이 주는 간식을 받아먹어요

먹이의 양은 같은데 남기는 일이 잦아지고 체중은 오히려 늘었다면 다음의 상황을 의심해 보세요.

 ## 이런 일이 예상됩니다

- 자신의 먹이를 먹지 않는다.
- 익숙하지 않은 음식으로 구토나 설사를 한다.
- 과식에 의한 비만과 그 비만으로 인한 질병.
  예를 들면 습진, 당뇨병, 관절의 통증,
  심장질환 등.

 ## 상황은?

- 사례

초등학교 통학로에서 강아지를 기르고 있어서 통학하는 아이들이 말을 걸면서 강아지의 머리를 쓰다듬고 갑니다. 아침에 가족들이 외출하면 밤에 집에 돌아올 때까지 마당에서 혼자 시간을 보냅니다.

식사는 1일 2회입니다. 매년 2kg씩 체중이 늘어나서 사료도 다이어트용을 주고 간식도 반으로 줄이는 등 신경을 썼습니다. 그런데도 점점 살이 찝니다. 습진도 생겼습니다. 먹이 양을 줄였는데도 가끔 남겨서 의아하게 여기고 있는데 이웃집 아줌마가 초등학생이 남은 급식을 준다는 사실을 알려 주셨습니다.

위와 같은 사례가 자주 있습니다.

이대로라면 비만에 의한 심장질환이나 당뇨병에 걸릴 수도 있습니다. 사람과 마찬가지로 강아지 역시 비만은 만병의 근원입니다.

어떻게 하면 좋아요?

　아무리 주인이 조심해도 집을 비웠을 때 일어나는 일은 알 수 없습니다. 하물며 아이들이 빵을 주고 있을 거라고는 생각지도 못했겠지요. 하지만 의외로 강아지를 산책시키는 사람 중에서도 간식을 가지고 다니다가 낯익은 강아지가 보이면 재미로 하나씩 주는 사람이 꽤 있습니다.

　병원에서 살을 빼는 것이 좋겠다는 진단을 받고 실천해도 효과가 없는 이유가 있었던 것입니다. '저는 심장에 병이 있어요. 지금 감량 중입니다. 간식은 필요 없어요. 지금까지 고마웠어요.' 등의 간판을 마당에 세워 둔 것을 본 적이 있습니다.

　비만은 무서운 병입니다. 특히 심장질환이 있는 강아지는 목숨을 잃는 치명적인 원인이 되기도 합니다. 산책 도중에 걷지 않거나 주저앉으면 특히 조심해야 합니다. 그럴 때는 안아서 즉시 집으로 돌아가는 것이 좋습니다. 커서 안을 수 없을 때에는 나무그늘 등 시원한 장소에서 잠시 쉬게 하고 빨리 병원에 데려 갑시다.

　산책용품에 휴대전화, 잔돈, 물병 등을 추가로 소지하세요. 특히 대형견인 경우 자동차로 데리러 와야 하는 경우도 있습니다. 휴대전화나 잔돈을 가지고 있으면 긴급한 상황에서 도움을 청할 때 매우 요긴합니다.

해 결 책

　강아지가 모이는 공원에서 강아지들끼리 놀게 할 때 간식을 가지고 나오는 사람도 있습니다. 강아지가 너무 좋아하며 받아 먹으면 마치 평소에 먹이를 잘 주지 않는 주인 같아서 부끄러워진다는 얘기도 들은 적이 있습니다. 직설적으로 '주지 마세요.'라고 말하는 것은 쉽지 않습니다. 그럴 때는 '병원에서 간식을 자제하라고 들었어요.'라고 부드럽게 거절하세요.

사람을 해쳤어요

가장 일어나지 않았으면 하는 사고입니다. 다친 사람이 나을 때까지 마음이 편할 날이 없습니다. 주인에게 충성한다고 다른 사람에게도 그럴 거라 생각하면 안 됩니다.

이런 일이 예상됩니다

- 강아지에게 물린 사람은 일제히 '광견병 예방접종은 했나요?' 하고 묻습니다.
- 예방접종을 하지 않은 경우 주인에게 책임을 물을 수 있으며 강아지도 광견병 검사를 받아야만 합니다.

상황은?

사고는 마당에 묶어 두었을 때, 리드줄을 착용하고 산책을 할 때, 리드줄을 풀어놓았을 때 등 언제나 일어날 수 있습니다. 하지만 어떤 상황이냐에 따라 상처를 입은 상대가 받는 인상에는 큰 차이가 있습니다.

현관 옆에 묶어 둔 강아지가 손님 발을 문 적도 있습니다. 또 산책을 하다가 아이가 다가와서 강아지를 만지려고 손을 뻗었는데 강아지가 갑자기 짖어서 아이가 놀라 도망가다가 넘어져서 상처를 입은 경우도 있습니다.

현관 앞에 리드줄을 풀어 놓았더니 산책 중인 강아지와 싸움이 붙어서 상대 주인이 떼어 놓으려다가 손을 물린 사례도 있습니다.

한번은 집 앞을 산책하던 강아지와 마당에 묶인 강아지가 서로 격렬하게 짖어 대던 중 매어 둔 말뚝이 풀려서 뛰쳐나갔고, 그 순간 상대 강아지의 주인이 자신의 강아지를 안아 올린 뒤 쫓으려고 강아지를 발로 밀어내다가 물린 경우도 있습니다. 물은 쪽이 일방적으로 잘못한 경우와 그렇지 않은 경우가 있지만 이럴 때는 일단 사과를 합니다. 대응에 따라서 소송으로까지 번지는 경우도 있습니다.

어떻게 하면 좋아요?

긁힌 상처에서 매우 심각한 상처까지 천차만별입니다. 아이 얼굴에 할퀸 상처를 내면 부모는 흉터가 남을까봐 걱정합니다. 자전거를 타고 있었다면 넘어지면서 골절상을 입을 가능성도 있습니다.

강아지의 행동이나 상대에게 입힌 손해는 주인이 반드시 책임을 져야 합니다. 반려견을 사랑하는 것도 중요하지만 그만큼 '훈련'도 중요합니다. '마당에 묶어 놓았으니까' 혹은 '리드줄을 착용하고 산책을 하고 있으니까 괜찮아' 하고 방심하지 말고, 사고가 일어났을 때 주인의 의무 위반이 되지 않도록 다음 상항을 꼭 기억해 두세요.

- **강아지를 묶어둘 때** – 강아지는 물 수도 있으므로 쇠사슬로 묶어 둘 때에는 쇠사슬의 길이를 점검합시다.
- **산책할 때** – 산책 중에는 지나가던 사람에게 갑자기 달려들 가능성이 있다는 것을 염두에 두고, 항상 주위를 살피고, 리드줄을 착용하여 주인이 즉시 제지할 수 있도록 긴장 상태를 유지합니다. 대형견은 존재만으로도 위협적입니다.

또 과거에 사람을 문 적이 있는 강아지는 더욱 주의가 필요합니다. 애정을 쏟으며 기르던 반려견이 사람을 물어서 안락사를 선고받은 적도 있습니다.

사고가 일어나면 먼저 성심성의껏 사과하고 함께 병원에 가서 상황을 확인합니다. 진심이 전해지면 상대의 마음도 어느 정도 누그러집니다.

상대는 흥분한 상태이므로 반론하는 것은 불에 기름을 끼얹는 격입니다.

배변 문제

대변 봉투 없이 빈손으로 산책을 하면 지나가는 시선이 안 좋습니다. 그만큼 강아지의 똥을 싫어하는 사람이 많다는 것이니 주의합시다.

이런 일이 예상됩니다

- 여러 가지 질병의 감염원이 되어 감염증이 퍼질 수 있습니다.
- 사람에게도 위생상 문제가 되며 특히 아이에게 기생충 감염의 위험이 있습니다.

상황은?

아침에 산책하러 나가면 강아지 배설물이 떨어져 있는 경우가 많습니다. 주변을 둘러보면 강아지를 산책시키는 사람들이 많습니다. 모두 손에 '산책용품(모종삽, 휴지, 비닐봉지)'을 들고 있지만, 그중에 '들고만 있을 뿐 실제로는 배설물을 안 치우는 사람도 있는 거 아닐까?' 하고 의심이 들기까지 합니다.

최근에는 채소 재배나 정원 가꾸기를 즐기는 사람이나 공터였던 곳에 텃밭을 만드는 사람도 많습니다. 밭에서 잡초 제거를 하는 사람이 '여기에 똥 못 싸게 하세요.'라며 화를 내기도 합니다. 그 사람 입장에서 생각하면 열심히 일군 밭에 강아지가 똥을 쌌으니 화가 날 만도 합니다.

요즘은 도롯가의 정원에 나란히 꽃을 심는 집이 많습니다. 하지만 산책하던 강아지가 소변을 봐서 그 자리의 꽃만 말라 버리기도 합니다. 한 마리의 강아지가 소변을 보면 다른 강아지도 같은 곳에 소변을 보러 가기 때문에 그 자리만 말라 버리는 것입니다. 정성을 들여 가꾸어서 꽃을 피운 곳에 아무 생각 없이 소변을 보게 하면 안 됩니다.

 어떻게 하면 좋아요?

강아지의 '배설물'은 주인이 가지고 돌아가서 처리해야 합니다. 절대로 그대로 두고 가지 않도록 합시다. 강아지를 기르는 사람 중 한 명이라도 그런 행동을 하면 강아지를 기르고 있는 사람 모두가 같은 시선을 받게 된다는 것을 기억합시다.

단 한 사람의 분별없는 행동으로 인해 강아지를 싫어하는 사람이 생기는 것일지도 모릅니다. 인간과 강아지가 공생하기 위해서는 주인이 규칙을 지켜야만 합니다.

똥을 땅에 묻는 사람도 있는데 이것도 잘못된 행동입니다. 만약 그 강아지가 기생충에 감염되었다면 변에는 기생충의 알이 있습니다. 그곳을 산책하는 다른 강아지에게 옮길 수도 있습니다.

더 무서운 것은 파보바이러스 등의 전염병입니다. 이 바이러스는 똥을 통해 몸 밖으로 배출됩니다. 똥을 가지고 가지 않고 묻는 행동은 그 주위에 바이러스를 살포하고 있는 것과 마찬가지입니다. 유의하세요.

최근에는 '강아지가 소변을 보지 못하게 하세요.'라는 간판도 종종 보이는데, 소변 역시 아무 데서나 보게 하면 안 됩니다.

수컷은 영역 표시를 하며 산책을 합니다. 본인 집 전봇대나 화단에 다른 집 강아지가 소변을 보면 누구도 기분이 좋을 리가 없습니다. 다른 집 전봇대에 소변을 보게 하면 안 됩니다.

배변 문제

해 결 책

밖에서 대소변을 보지 못하게 하는 것이 가장 좋습니다.

하지만 그것이 불가능한 경우에는 상대방의 입장에서 생각해 보세요. '나라면 여기에 강아지가 대소변을 보면 싫지 않을까?' 등 개똥을 밟아서 기분이 나빴던 경험들을 떠올려 보세요.

이웃이 강아지를 싫어해요

이웃에게 충분히 양해를 구했더라도 일방적으로 폐를 끼치고 있는 것은 사실입니다. 먼저 다가가서 인사를 합니다.

이런 일이 예상됩니다

- 이웃과 얼굴을 마주치면 반드시 내 쪽에서 먼저 인사를 합시다.
- 강아지가 폐를 끼치고 있다는 사실을 기회가 있을 때마다 솔직하게 말하고 사과를 합시다.
- 관계가 틀어지면 물을 뿌리거나 고함을 치는 등 반려견이 괴롭힘을 당할 수도 있으니 신경 써야 합니다.

상황은?

이웃이 강아지를 싫어한다는 사실을 알게 되면 난감합니다. 주인에게는 대수롭지 않은 일도 강아지를 싫어하는 사람 입장에서는 참기 어려운 일일 수도 있습니다. 특히 짖는 소리에 민감하니 반려견이 얼마나 짖는지 객관적으로 확인해 봅시다. 낮에는 여러 가지 소리가 나서 어느 정도 참을 수 있지만, 새벽이나 심야에는 짖는 소리가 크게 울립니다. 밤에만이라도 집 안으로 들여놓는 것을 고려합시다.

또한 마당에서 별생각 없이 강아지를 빗질한 뒤 빠진 털을 제대로 정리했는지, 혹시 털이 이웃집 마당으로 날아가지는 않았는지 확인합시다.

한편, 반려견 훈련을 제대로 시키고 있는지도 점검합시다. 시끄럽게 굴 때만 잠깐 혼내 봤자 아무런 해결도 되지 않습니다. 훈련 교실에 가서 조언을 받아 봅시다.

어쩌면 이웃은 강아지를 싫어한다기보다 키우는 방식에 불만을 품고 있을 수도 있습니다. 강아지를 기르는 모습을 스스로 재점검하세요.

 ## 어떻게 하면 좋아요?

앞서 든 예에 상당 부분이 일치한다면 강아지를 싫어한다기보다 사실은 무서워하는 것일지도 모릅니다. 어렸을 때 강아지가 짖으며 쫓아온 적이 있거나 혹은 물린 적이 있을지도 모릅니다.

병원에 오는 주인 중에 처음 내원했을 때 귀여운 새끼 강아지를 안고 있는 아이 뒤를 따라서 조심조심 들어오던 분이 있었습니다. 멀찍이 떨어져서 보고만 있을 뿐 새끼 강아지를 만지려고도 하지 않아서 그 연유를 물어보니 '무서워서 도저히 만질 수가 없어요. 강아지를 돌보지 않아도 되는 조건이라면 기르려고요.'라고 하였습니다. 조금 걱정이 되었지만 예방주사를 놓고 한 번 더 내원할 것을 일렀습니다.

다음에 방문했을 때는 큰 수건에 둘둘 싼 새끼 강아지를 안고 왔습니다. '직접 만지지는 못해도 수건으로 감싸면 안을 수 있어요.'라며 여전히 내키지 않는 얼굴을 하고 있었습니다.

세 번째 방문 때는 싱글벙글한 얼굴을 하고 '이렇게 귀여울 줄은 몰랐어요.'라며 얼굴을 비비고 있었습니다. 이 주인에게는 강아지가 무섭다는 선입관이 있었던 것입니다. 어쩔 수 없이 마시는 물을 갈아 주고 먹이를 주며 새끼 강아지와 접촉하다 보니 새끼 강아지가 가진 귀여움에 점점 마음이 누그러진 것이겠죠.

이처럼 싫어하던 사람도 함께 지내다 보면 좋아지는 경우도 있습니다. 이웃과 강아지 사이가 큰 문제 없이 지속되어 언젠가 좋아지지는 않더라도 최소한 아무렇지도 않아지는 날은 기대해 볼 수 있을 것입니다.

해 결 책

이웃과는 되도록 좋은 관계를 만들도록 노력합시다. 마주치면 반드시 내 쪽에서 먼저 인사를 하고, 여행을 갔다가 돌아왔을 때에는 이웃에게 작은 선물이라도 건네는 등 원만한 관계를 만들도록 노력합시다. 애견이 괴롭힘을 당하지 않게 하기 위해서라도 꼭 실행해 주세요.

문제가 발생했을 때 반려견을 지킬 수 있는 사람은 주인밖에 없습니다.
그런 '만약의 사태'를 대비하여 아래의 내용을 기억해 두세요.

1 사고가 발생했을 때 주인은 침착하게 반려견을 진정시키세요.

2 목격자가 있을 때에는 협조를 구합니다.

3 진심을 담아 사과합니다.

4 사람을 다치게 했을 때는 반드시 함께 병원에 갑니다.

5 강아지에게 상처를 입혔을 때는 상대의 단골 병원에 갑니다.

6 상대방의 의견을 충분히 경청하세요.

7 무언가 하고 싶은 말이 있다면 상대방이 진정된 후에 합시다.

8 애견이 불이익을 당하지 않도록 하기 위해서라도 반드시 강아지를 등록하고 광견병 예방주사를 맞히세요.

9 애견이 입힌 손해는 주인이 반드시 책임을 져야 합니다.

10 이웃과의 관계를 원만하게, 특히 옆집에 사는 사람과는 좋은 관계를 유지하세요.

제 6 장

궁금했어요

강아지 각종 정보

고급 의료 기술은 대학 병원에 있습니다.

동네 동물병원은 전문 분야가 나뉘어져 있지 않습니다. 폭넓게 진료해야 하기 때문입니다. 하지만 병원에 따라 숙련된 분야가 있으며 웬만한 검사기기는 대부분 갖추어져 있습니다. 하지만 전문 스텝과 고도의 진료 기기는 대학 병원에만 있습니다. 따라서 동네 동물병원에서 전문적인 치료가 필요한 경우에는 대학 병원을 소개합니다.

강아지도 인간과 마찬가지로 신뢰 관계가 중요합니다.

수의사는 동물을 매우 좋아합니다. 하지만 사람끼리도 특히 잘 맞는 사람이 있는 것처럼 인간과 동물도 마찬가지입니다. 동물원에서 사육 담당 직원을 정할 때 동물과의 궁합을 본다고 합니다. 또, 강아지뿐만 아니라 주인과 수의사의 궁합도 중요합니다. 서로 잘 맞지 않으면 불신감이 생깁니다. 신뢰가 가지 않는다면 병원을 옮기는 것이 나을 수도 있습니다.

잘 모르는 것은 무엇이든 물어보세요.

동물병원에서는 주인에게 반려견의 병이 어떠한 상태인지, 치료나 검사가 어떤 식으로 이루어지는지를 설명합니다. 하지만 병원을 옮기는 사람 중에는 '약에 대한 설명이 없었다.', '어떤 약을 먹이고 있는지 전혀 모른다.', 혹은 '전문 용어가 많아서 알아들을 수 없었다.' 등의 불만을 말하는 사람도 있습니다.

수의사에게 무엇이든 질문을 하세요. 분명 친절한 답변이 돌아올 것입니다.

어디에 쓸지 확실히 계획을 세워 두세요.

강아지를 기르기 시작한 첫해에는 케이지나 리드줄, 목걸이나 식기 등 구매할 것들이 많습니다. 또, 강아지 등록(반려동물등록제, 2013년부터 의무화), 예방주사, 중성화수술 등도 해야 합니다. 강아지와 함께 하는 첫해에는 휴가를 강아지와 함께하면 어떨까요?

이듬해부터는 심장사상충 예방, 진드기나 벼룩 예방, 백신 접종비 등을 비롯해 사료나 간식 등의 식비, 미용 비용 등 사육에 필요한 대략적인 비용을 예상할 수 있게 됩니다. 반려견의 사진을 붙인 봉투나 작은 상자 등을 준비하여 이듬해 필요한 비용을 미리 준비해서 별도로 관리하는 것도 한 방법입니다.

그러나 이것은 강아지가 건강한 경우입니다. 10살이 넘었지만 아무것도 하지 않고도 건강한 경우가 있지만, 예방을 소홀히 해서 심장사상충에 감염될 수도 있습니다. 수술과 입원으로 치료비가 들고 걱정도 크며 가족들에게 폐를 끼칠 뿐만 아니라 무엇보다 강아지에게 너무 미안하다며 후회하는 사례도 있었습니다.

혹시 모를 상황에 대비하여 저축도 해야 합니다.

병치레 없이 건강하게 지내다가도 교통사고나 종양 등 예기치 못한 일이 일어날 수도 있습니다. 생각하고 싶지 않지만 혹시 모를 상황에 대비해 두면 당황하지 않고 해결할 수 있습니다.

가족과 의논하여 강아지 계를 만드는 것도 좋은 방법입니다. 가족 모두가 용돈의 10%를 적립하는 등 함께 좋은 아이디어를 생각해 봅시다.

보험 실용지식

'강아지를 위한 보험이 있다면 좋을 텐데……'라는 생각을 하는 주인도 있을 텐데요. 정말 있습니다. 상담을 통해 자세한 정보를 알아보세요.

내용을 꼼꼼히 확인하고 정합시다

최근에는 반려견도 가족의 일원으로서 소중하게 길러지면서 오래 살게 되었습니다. 예방주사와 평소 건강관리에 신경을 쓰는 것도 장수하는 이유 중 하나일 것입니다. 하지만 그에 따라 의료비도 증가하고 있습니다. 일부 회사 중 애완동물보험을 취급하는 곳이 있습니다. 내용을 꼼꼼히 살펴본 뒤 가입합시다.

단, 대부분의 경우 중성화수술이나 치석 제거, 피부염, 선천성 질환 등은 적용되지 않는 등 모든 질병을 보장해 주지는 않습니다.

회사명	전화번호	홈페이지
삼성화재 파밀리아리스	02) 3789-6072	http://www.fdog.co.kr
롯데 마이펫	1670-0220	http://www.lottemypett.co.kr

인터넷이나 전화로 하는 애견 상담

동물병원까지 갈 정도는 아닌 것 같은데 그래도 좀 걱정될 때는 전화나 인터넷을 통해 메일로 조언을 받는 것도 좋습니다.

묻고 싶은 점을 명확히 정하고 물어보세요.

많은 병원에서 강아지에 관한 전화 상담을 받고 있습니다. 또, 홈페이지나 블로그, 카페 등을 개설한 병원도 많이 있습니다.

그 밖에 인터넷 사이트나 애견 커뮤니티에도 알찬 정보가 많으니 한번 접속해서 살펴보세요.

한국 애견정보 사이트

 동물보호관리시스템 홈페이지 www.animal.go.kr

 사단법인 한국애견협회 www.kkc.or.kr

 사단법인 한국애견연맹 www.thekcc.or.kr

 애견 커뮤니티 허브 cafe.daum.net/dogcafe

 애견 커뮤니티 개판5분전 cafe.naver.com/itsdog

 애견 커뮤니티 강사모 cafe.naver.com/dogpalza

계절마다 체크! 체크!

계절에 따라 몸 상태가 나빠지는 강아지도 있습니다.
강아지는 춥거나 더워도 스트레스를 받을 수 있습니다.

봄

봄은 예방의 계절입니다. 광견병 백신 접종이나 심장사상충 예방을 시작합니다. 또, 털갈이를 하므로 빗질을 자주 해 줍니다.

아침, 저녁으로 특히 쌀쌀한 날이 있으니 유의하세요.

또한, 이 시기는 피부병이 많아지므로 피부나 털 상태에 신경을 써 주세요. 먼지, 꽃가루 등이 많이 날려서 눈곱이나 콧물이 나는 것도 신경 써야 합니다. 암컷은 발정(생리)이 옵니다.

여름

강아지는 더위에 매우 약합니다. 새끼 강아지나 노령견, 병이 있는 강아지는 특히 건강관리에 유의해야 합니다.

장마철에는 습도가 높으므로 수건이나 개집에 습기가 차지 않도록 해 주세요.

한여름이 되면 실내견은 방 온도와 습도에 신경을 써야 합니다. 밖에서 기르는 강아지는 개집을 통풍이 잘되는 곳이나 그늘로 옮깁니다. 또 직사광선이 내리쬐는 한낮에는 실내로 들이는 등 배려를 해 줘야 합니다.

또한 한낮에 산책을 하면 일사병이나 열사병에 걸릴 위험이 있습니다. 아침, 저녁 시원한 시간에 산책을 시키세요.

벼룩이나 진드기가 붙어 피부염을 일으키기도 합니다.

여름에는 먹이와 마시는 물이 상하기 쉬우므로 자주 갈아 주세요. 물도 평소보다 더 많이 마시므로 자주 살펴보세요. 이 시기에 하는 심장사상충 예방도 잊어서는 안됩니다.

가을

초가을에는 아직 더위가 가시지 않아 여전히 더위를 타기도 합니다. 본격적인 가을에 들어서면 아침저녁으로 매서운 추위가 찾아옵니다. 특히 밖에서 기르는 강아지는 담요를 더 덮어 주는 등 보온에 신경 써 주세요. 겨울을 대비하여 털갈이를 하므로 자주 빗질을 해 주세요. 암컷은 발정(생리)이 옵니다. 심장사상충 예방은 계속해 주세요.

겨울

겨울에는 추위 대책이 필요합니다. 특히 소형견은 추위에 약합니다.

밖에서 기르는 강아지는 개집을 따뜻한 장소로 옮깁니다. 비나 눈이 내리는 날, 혹한에는 실내에 들이는 등의 배려가 필요합니다.

추워지면 소변의 양이 줄고, 비뇨기질환이 악화되기도 합니다.

또 몸이 추위로 굳어지면 관절질환이 많아지므로 이런 점을 유심히 살피세요.

사람과 강아지의 감염증

감염증 중에는 강아지와 사람이 모두 걸리는 것도 있습니다. 무서운 병이므로 항상 주의를 기울이세요. 아래에 특히 조심해야 하는 것들을 소개합니다.

증상명	관계되는 동물	동물의 증상	인간에 대한 감염경로	인간의 질병	예방방법
파스튜렐라증	개 고양이 토끼	무증상인 경우가 많다	개에게 물리거나 할퀴어서	발열 상처의 염증	개에게 물리거나 할퀴지 않도록 주의한다
톡소플라즈마증	개 고양이	개: 호흡기의 이상 고양이: 설사, 뇌기능 장애	감염된 고양이의 변을 만진 손을 입을 넣어서	임산부의 경우 유산이나 태아의 뇌손상	고양이 변을 철저히 처리한다
유충이행증	개 고양이 토끼	설사, 구역질	감염된 동물의 변을 만진 손을 입에 넣어서	어린이에게 뇌나 간장의 장애를 일으킬 수 있음	동물의 분변 검사, 철저한 구충
피부사상균증	개 고양이 설치류	탈모	감염된 동물을 만져서	피부염 피부 가려움증	피부 점검 조기 치료
개선충(옴)	개 고양이	피부 가려움증 탈모	감염 동물과 접촉해서	피부 가려움증 발적	감염 동물과 접촉에 주의 조기 발견 및 치료
개 브루셀라병	개	유산, 정소염 무증상인 경우도 많다	감염 동물의 변을 만져서	발열 관절통	개의 변을 주의한다
살모넬라증	개 / 새 고양이 거북이	설사	개의 변이나 개를 만진 손을 입에 넣어서	설사 구토 발열	개의 변을 철저히 처리한다
캠필로박터증	개 고양이 새	무증상인 경우가 많다 새끼의 경우 설사	개의 변이나 개를 만진 손을 입에 넣어서	심한 설사 점액 혹은 혈액을 동반한 설사	개의 변을 철저히 처리한다
여시니아엔테로콜리티카	개 고양이 설치류	무증상인 경우가 많다 설사를 하는 경우도 있다	개의 변이나 개를 만진 손을 입에 넣어서	설사 발열 관절통	개의 변을 철저히 처리한다
렙토스피라증	개 쥐	황달이나 혈뇨	감염 동물의 소변으로 오염된 물 등	발열 황달 간, 신장의 장애	개의 백신 접종을 철저히 한다 오염된 물을 주의한다
가성결핵	개 / 고양이 새 / 토끼 원숭이	무증상인 경우가 많다 설사를 하는 경우도 있다	감염 동물과의 접촉 오염된 환경	설사 발열 패혈증	감염 동물과의 접촉을 피한다
광견병	개, 고양이 등 모든 포유류	뇌염, 흥분, 공격적인 성격, 인후 마비, 발증 후 사망	감염 동물에 물려서	뇌염 신경증상 발증 후 사망	개는 연 1회 백신 접종의 의무가 있다

부위별 명칭 알고 있나요?

강아지의 몸의 부위를 지칭하는 명칭에는
독특한 것들이 있습니다.
영어 명칭도 기억해 두면 매우 편리합니다.

1 두개 skull 2 주둥이 muzzle 3 상악 upper jaw 4 입술 lip

5 하악 lower jaw 6 어깨 shoulder 7 견단 point of shoulder 8 상완 upper arm

9 팔꿈치 elbow 10 전완 fore arm 11 앞발 pastern 12 발가락 forefoot

13 발톱 nail 14 발목 carpus 15 가슴(흉부) brisket 16 대퇴 stifle

17 족저(발바닥) pad 18 뒷발허리 hook 19 뒷발 hook 20 뒷발꿈치 hook joint

21 하퇴 lower leg 22 꼬리 tail 23 대퇴 upper leg 24 엉덩이 hip

25 옆구리 flank 26 허리 loin 27 십자부 cross of point 28 등 back

29 목 neck 30 후두 occiput

알아 두면 좋은 관계자 단체

국내 애견 단체

한국애견연맹 www.thekcc.or.kr
한국애견협회 www.kkc.or.kr
한국진도견협회 www.kjindodog.org
한국진도개협회 www.hijindo.com
(사)한국진돗개중앙회 www.jindodog53.co.kr

대한민국국견협회 www.kukyun.com
한국삽살개재단 www.sapsaree.org
(사)한국경주개동경이보존협회 www.donggyeong.com
고려 풍산개 협회 철원점 www.poongsangae.co.kr
한국풍산개종보존협회 www.풍산개.kr

동물 보호 및 관리 단체

농림축산검역본부 www.qia.go.kr
동물보호관리시스템 www.animal.go.kr
미안해 고마워 페이스북(동물보호관리시스템 페이스북)
www.facebook.com/sorrynthanku
동물보호센터 www.angel.or.kr
동물보호시민단체 www.ekara.org

동물보호협회 www.koreananimals.or.kr
유기견보호센터 www.animal.or.kr
유기견보호센터 전국반려동물사랑실천협회
www.zooseyo.co.kr
한국동물복지협회 동물자유연대 www.animals.or.kr

국내 애견 커뮤니티 및 쇼핑몰

애견 커뮤니티 허브 cafe.daum.net/dogcafe
애견 커뮤니티 개판5분전 cafe.naver.com/itsdog
애견 커뮤니티 강사모 cafe.naver.com/dogpalza

애견용품 쇼핑몰 오도그 www.ohdog.co.kr
애견용품 쇼핑몰 강아지 대통령 www.dogpre.com
애견용품 쇼핑몰 퀸앤퍼피 www.queenpuppy.co.kr

훈련, 특수견 협회

이삭애견훈련소 www.esac2000.co.kr
삼성화재안내견학교 mydog.samsung.com

한국장애인도우미견협회 www.helpdog.org
(사)한국인명구조견협회 cafe.naver.com/kkcrd

장례업체

동물장례등록제1호 아롱이천국 www.arong.co.kr
엘림펫 www.elimpet.co.kr

애견장례 엔젤스톤 www.angelstone.co.kr
반려동물 장례전문기업 펫스토리 www.petstorys.co.kr

동물병원 및 보험회사

서울대학교 수의과대학 동물병원 vmth.snu.ac.kr
경북대학교 수의과대학 부속동물병원 vmc.knu.ac.kr
전북동물의료센터 전북대학교 수의과대학 동물병원
camc.chonbuk.ac.kr
해마루 동물병원 www.haemaru.co.kr
캐비어동물메디컬센터 www.caviare.co.kr

우성동물병원메디컬센터 wsamc.co.kr
서울동물메디컬센터(경기도 광주) www.seoulamc.co.kr
서울동물메디컬센터(서울 강동구) www.seoul75.com
대한수의사회 www.kvma.or.kr
삼성화재 파밀리아리스 보험 www.fdog.co.kr
롯데 마이펫 보험 www.lottemypet.co.kr

기타

반려동물 온라인 웹진 petmd.vitaminmd.co.kr
애견방송TV dogbs.co.kr

※이 페이지에 실린 전화번호와 홈페이지는 2013년 12월을 기준으로 작성되었습니다.

나카가와 시로 감수

우츠노미야전문학교 수의과(현 우츠노미야대학) 졸업. 우에노동물원 사육과장, 우에노동물원원장 역임 후, 관계단체 이사와 정부관계심의회 위원 등의 요직을 역임하는 한편 저자나 강연, TV 출연이나 매스컴 활동으로 전국을 동분서주하고 있다.
팬더 사육의 리더, 따오기나 코알라 등의 권위자로서도 저명하며, 성실하고 의리 있는 인품으로 일찍부터 유명하다. 또 연구자 육성에 힘을 쏟는 그를 따르는 사람들은 너무 많아서 일일이 셀 수가 없을 정도이다.

가와구치 아키코 저

일본수의축산대학졸업, 동대 외과학 연구생으로 공부하고, 우에노동물원에서 사육실습 후, 사이타마현 아게오시에 '가와구치펫클리닉'을 개업하였다. 일본 유수의 코끼리 전문가인 남편(elephant talk대표)과 둘이서 동물과 사이좋게 함께 생활하고 있다.

가나이 마사토 · 리에 공저

일본대학수의학과, 외과학 연구실 졸업. 전공은 마취학, 외과학.
남편 마사토는 개와 고양이, 소 등을 진찰하는 동물병원에 근무하고, 부인 리에는 개와 고양이가 중심인 동물병원에서 근무한 뒤, 둘이서 사이타마현 아게오시에 '가나이동물병원'을 개업, 현재에 이르렀다. 주로 개, 고양이, 새, 햄스터 등 반려동물을 중심으로 진찰하고 있다.

박상진 번역 · 한글본 감수

천안 출생으로 충북대학교 수의학과를 졸업하고 동경대학교 수의학과에서 박사과정을 졸업했다. 현재 한국화학연구원 부속 안전성평가연구소에서 선임연구원으로 근무하고 있다.

김은희 번역

서울 출생으로 성신여자대학교 일어일문학과를 졸업했다. 현재 동경에서 생활하며 프리랜서 통번역사로 활동 중이다.

2013년 12월 27일 초판 1쇄 펴냄 · 2017년 3월 2일 초판 2쇄 펴냄

펴낸곳	꿈소담이
펴낸이	김숙희
감수	나카가와 시로
지은이	가와구치 아키코, 가나이 마사토 · 리에
옮김	박상진, 김은희
번역본 감수	박상진
주소	(우)02834 서울특별시 성북구 성북로8길 29 B1
전화	747-8970 / 742-8902(편집) / 741-8971(영업)
팩스	762-8567
등록번호	제6-473호(2002. 9. 3.)
ISBN	978-89-5689-847-6 13490

＊책 가격은 뒤표지에 있습니다.